365天
财商
精进之道

王国伟　编著

想要结合实际情况
开启属于自己的财富大门？

微信扫码
根据指引　马上定制体验
【深度阅读】服务方案

SPM 南方出版传媒　广东经济出版社
·广州·

图书在版编目（CIP）数据

365天财商精进之道 / 王国伟编著. —广州：广东经
济出版社，2020.6
ISBN 978-7-5454-7208-0

Ⅰ.①3… Ⅱ.①王… Ⅲ.①账务管理—通俗读物
Ⅳ.①TS976.15-49

中国版本图书馆CIP数据核字（2020）第066911号

责任编辑：宋昱莹　谢慧文　何绮婷
责任校对：李玉娴
责任技编：陆俊帆
封面设计：友间文化

365天财商精进之道

365 TIAN CAISHANG JINGJIN ZHI DAO

出版人	李　鹏	
出　版 发　行	广东经济出版社（广州市环市东路水荫路11号11～12楼）	
经　销	全国新华书店	
印　刷	广东鹏腾宇文化创新有限公司 （珠海市高新区唐家湾镇科技九路88号10栋）	
开　本	787毫米×1092毫米　1/16	
印　张	21.25	
字　数	300千字	
版　次	2020年6月第1版	
印　次	2020年6月第1次	
书　号	ISBN 978-7-5454-7208-0	
定　价	48.00元	

图书营销中心地址：广州市环市东路水荫路11号11楼
电话：（020）87393830　邮政编码：510075
如发现印装质量问题，影响阅读，请与本社联系
广东经济出版社常年法律顾问：胡志海律师

自　序

· 本书的由来 ·

三年前，因为机缘巧合，我临时当了一回司机，去机场接一位中国500强企业的董事长。这是一位健谈、热心的民营企业家，一路上与我谈他创业时的苦与乐。后来，当了解到我"上有老、下有小、经济压力大"时，他说："每个人都有创造财富、改善生活的权利。这样，我现在给你列个清单，你照着清单去做，两年后，看看经济状况会不会好点。"

这位董事长到了下榻的酒店后，把路上写好的一页纸递给我，还不失幽默地说："这是我的车费。"

我一看，纸上写着：

践行50种思想；

养成50个习惯；

研究80个企业家和20位名人；

研究25部财经电影；

研读25本理财投资书籍；

然后，按照上面的内容，迅速去行动、去实践。

我看完，觉得有点意思。

但我还不太明白，赶紧问："请问这些思想、习惯、企业家、名人、电影和书籍，去哪里找？"

这位董事长笑了笑，又马上严肃地说："我也不知道，当然是要你自己去找！"他看我还是有点懵懂，接着说，"等你自己找到了、实践了，估计你已经打开自己的致富之门了！"

啊？要自己去找？但很奇怪，我居然在短时间内对他建立起了信任，并且决定按照他说的去做。

这事一做，就是两年。

两年后，这位董事长因公事来广州开会，他打电话问及我的情况，我说我已经按照他说的去做，并做了一些笔记和剪报。他很感兴趣，叫我把资料带给他看。

当他看到我的20多本分门别类的笔记本和4大本剪报册子时，非常感慨和激动，紧紧地握住我的手说："小伙子，我跟身边不少年轻人都提过这个建议，但没有一个人按照我提的建议去做。唯有你真正去实践了，而且做得这么扎实。"

然后他拍了拍我的肩膀，接着说："富有与贫穷，其实就是一种选择；平凡和不凡，也是一种选择。你做到了，真不简单！谢谢你，小伙子！"

其实，说"谢谢"的更应该是我，我从心底里感激这位至今只见过两次面的企业家。他的教诲让我想起《一千零一夜》中"阿拉丁神灯"的故事：极东之地的青年阿拉丁误入陷阱，得到一盏神灯，只要他擦拭神灯，神灯里就会钻出来一个精灵，能帮助他实现愿望。我想，每个人心中都住着一个"自省自强"的财富精灵，只要你真正回归本心、相信自我、追求卓越，就一定能够开启属于自己的财富大门。

于是，我用一整年的时间整理笔记，写了这本书，但求与志在创造财富、完善自我、丰富人生的读者共学共勉。

以上就是这本书的由来。

· 关于书名 ·

吾国人谈钱，要么说伤感情，要么说俗气。但我觉得那位董事长跟我谈钱、谈创业的时候，一点也不俗气。

艾诚在《创业的常识》一书中说："如果理想和钱暂时不能合二为一，有两条路可选：先赚钱再寻求理想实现，先积累资源再创业。说到底，无论哪种路径，都不必忌讳谈钱，都要从挣钱开始，毕竟，没钱，理想也就无从谈起。"

史学大师陈寅恪曾说："又如顾亭林，生平极善经商，以致富。凡此皆谋生之正道。我侪虽事学问，而决不可倚学问以谋生。道德尤不济饥寒。要当于学问道德以外，另求谋生之地。经商最妙，Honest means of living（谋生之正道）。"

可见，谈钱并非俗不可耐之事；相反，赚钱经商还是谋生之正道。遂我将此书起名为《365天财商精进之道》。

· 关于内容 ·

写这本书，我试图遵循两条原则：一是实用；二是简洁。

实用，才有效，才易于"学而时习之"。

至于简洁，我向来欣赏梁文道在凤凰电视台《我读》栏目中的态度：讲完即走，不拖泥带水。道理讲清楚了，哪怕只讲了一句话，也要勒马停笔。

原则是原则，能否做到又是另外一回事。书中不当之处敬请读者指正和谅解。

最后，我想说的是：财富，只有在合法合规、公平正义、快乐健康的基础上获取，才是有意义的，才是长久持续的。离开了这三条原则的财富，都不是我们所追求的。

· 如何阅读本书 ·

阅读本书时，可遵循以下建议。

一、循序渐进，宜缓不宜急

原则上，建议大家慢下来，跟着全书的节奏，一天阅读一个主题，进行学习、思考、行动，再回头省察。当然，大家也可以根据自己的实际情况，一天阅读多个主题，但仍建议以"沉潜往复、熟知践行、学用相长"为标准，力求将每个要点都真正变成自己思索躬行的养料和催化剂。

二、采之有之，要取更要舍

这里有两层意思：第一，是要根据自己的实际情况进行阅读使用，即你认为可行的马上去行动，认为目前实施不了的坚决摒除；第二，如果你选择要成为富人、要创造更多的财富并实现财富自由，那你就要选择一种富人的生活方式和价值体系，不能再懒散随意，要更加自律、自信和包容，选择了就去做，做了就肯定会有变化和收获，就肯定会向目标前进了。

三、知行合一，深思并笃行

本书反复强调的是"知行合一"的理念。把书中的理念和精神贯彻到日常生活中、运用到工作中、运用到创造财富的过程中，才是对本书最好的"阅读使用"。书本知识是死的，人的行动是活的；概念是静态的，人的思考和实践是动态的。唯有行动，才能使你真正提高财商、创造财富。

四、持之以恒，坚持且反馈

本书内容较丰富，希望大家坚持、坚持、再坚持，既不贪多，也不怕多，一步一个脚印。只要你坚持下来，不断地给自己反馈，并反复思考、实践和总结，就一定会到达你的目的地。

目 录
Contents

💲 **第一编 创富心法**   / 001

　　第一章 ┃ 拥有富人的思想　/ 002

　　第二章 ┃ 养成富人的习惯　/ 062

💲 **第二编 拜师学艺**   / 097

　　第三章 ┃ 向优秀企业家学习　/ 098

　　第四章 ┃ 向名人学习　/ 210

💲 **第三编 他山之玉**   / 231

　　第五章 ┃ 从影片中学致富经　/ 232

　　第六章 ┃ 从书中学财经之道　/ 254

⑤ 第四编　知行合一　/ 273

　　第七章｜行动指南　/ 274

⑤ 参考文献 / 329

⑤ 后　记 / 331

创富心法

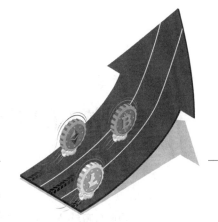

第一章讲的是拥有富人的思想。先看这种思想的关键词，思考一下自己有多少认知，再通过阅读进行反思、反馈。该章每一种思想后面都有一件小事可供你去运用实施，希望大家尽量去做，并将反馈记录下来。同时请大家关注后面的两个小问题，尽量花两三分钟时间去思考并写下自己的答案。

第二章讲的是养成富人的习惯。首先大家可以根据标题去想想自己是否已经拥有或想拥有这个习惯，其次去看"习惯养成小秘籍"的内容，检验自己是否能够从这个小行动入手培养这个习惯，最后从坚持21天开始，将这个习惯真正变为自己所有。

每一章后面都有作业题，大家可根据自己的兴趣和时间，配合每天的小问题进行思考并解答。这是复习、巩固和提炼书中内容，进而检验学习成果的有效方法。

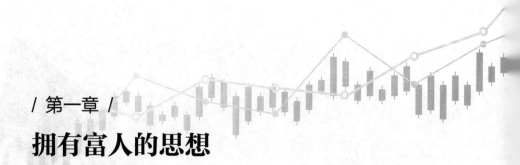

/ 第一章 /

拥有富人的思想

要成为有钱人，首先要知道有钱人的"心法秘籍"。

财富专家哈维·艾克说："白手起家的富翁损失了财产，通常会在较短的时间内把钱挣回来……因为他们即使赔掉金钱，也不会丢掉成功最重要的因素：他们的百万富翁思维。

拿破仑·希尔也提出："如果福特的工厂被毁坏，机器、原材料、成品都化为乌有，资金也全部用尽，福特仍将是美国最有财务实力的人，因为他的头脑将使他在短期内重建企业王国。"

这里面说到的"思维""头脑"，就是心法。

因为，"高尚、优秀的思想，肯定不会产生坏的结果；而卑劣、糟糕的思想，一定孕育不出好的结果""是地下的事物生出地上的事物，是看不见的事物生出看得见的事物"。

你想拥有财富，请先拥有致富的"思想心法"；你想改变命运，请先改变既定的思维模式。

▌第1天▌

思想01
利他：为别人着想

> 我们在这个世界上辛苦劳作，来回奔波是为了什么？所有这些贪婪和欲望，所有这些对财富、权力和名声的追求，其目的到底何在呢？归根结底，是为了得到他人的爱和认同。
>
> ——亚当·斯密

市场经济时代，大家都在谈亚当·斯密的《国富论》，都纷纷认同"利己"心理。殊不知，这位现代经济学的开创者还有另外一部鲜为人知的巨著——《道德情操论》。在这部著作中，他提出了"同情"的核心概念，这个"同情"即怜悯和对他人幸福的同感。这种"同情"，就是"利他"思想的基础。

试想，如果一个生意人自始至终是自私自利的，那么他在商业行为中就必然会短视、固执和斤斤计较，如果长期这样下去，他的商业之路肯定会越走越窄，直到无路可走。

反之，"利他"思想却是商业活动中最有效的武器。我们从市场、贸易的本质来看，交换、交易商品，关键是要有利他的价值端，这样才会有人愿意跟你交换。你能满足他人的需求越多，你自身的价值就越高。我们从沃尔玛创始人山姆大叔让利客户、让利合作伙伴的案例就可以知道利他思想的高明之处了。

利他思想，是商业之本、质量之本、处世之本。利他思想，有利于企业做强做优，有利于自身财商的提升。

> **先从一件事开始实践该思想**：自己采购一份商品，以略高于定价的价格卖给身边的朋友。
>
> **同时，你能想到哪些运用该思想的经典案例？** _____
>
> **你会将该思想运用到什么地方？** _____

▌ 第2天 ▌

思想02
为己：为自己负责

> 子曰：古之学者为己，今之学者为人。
>
> ——《论语·宪问》

为己？为什么"利了他"还要"为己"？

这个"为己"，不是"人不为己，天诛地灭"的"为己"，而是孔夫子说的"古之学者为己"的"为己"。

《论语·宪问》中记载："子曰：古之学者为己，今之学者为人。"刘宝楠在《论语正义》里解释道："为己，履而行之；为人，徒能言之。"意思是，为自己学，就会根据学到的知识去行动、去落实；为别人学呢，就是为了能够讲给别人听，"七尺之躯"却空空也。

为己，更是要为自己负责，只有意识到自己应该对自己的生命和成败负责任，你才是一个真正成熟的人。

　　判断一个人成功与否，不是看他拥有什么，也不是看他是否得到了社会和别人的认可，而是看他是否能够做一个对自己负责的人，做一个最好的自己。李开复写过一本书叫《做最好的自己》，做最好的自己，就是"为己"。这样持续不断地"为己"，成功、财富自然来。

　　先从一件事开始实践该思想：找一本投资理财方面的入门书，看两遍以上，并做好笔记，按照笔记去实践。

　　同时，你能想到哪些运用该思想的经典案例？＿＿＿＿＿＿＿＿＿＿＿

　　你会将该思想运用到什么地方？＿＿＿＿＿＿＿＿＿＿＿＿＿＿＿＿

┃ 第3天 ┃

思想03
理想：捍卫和追求梦想

　　一个人可以非常清贫、困顿、低微，但是不可以没有梦想。只要梦想存在一天，就可以改变自己的处境。

——奥普拉·温弗瑞

　　你取得的成就，绝不会超出你梦想的高度；你获取的财富，绝不会超过你所能想到的数值。

　　电影《当幸福来敲门》中的主人公在跟他儿子聊天时说："你在很多方面都很不错，但在打篮球上不行。"他儿子听后就沮丧地表示不想再打篮球了，但主人公听了后激动地说："如果你有梦想，就得去捍卫它！那

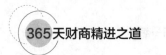

些一事无成的人总想告诉你，你也成不了才。如果你拥有梦想的话，你就想方设法去实现它！"

不想当富翁的人绝不会成为富翁。作为普通人，要想成为富翁，追求财富的强烈意愿非常关键。你不但要拥有梦想，还要保护梦想，更要为梦想而努力奋斗！如果你想拥有金钱，那你就去创造财富，在合法合规的前提下，用尽一切办法去追逐财富。

在思考创富的同时，我们还要静下心来想想，到底什么叫"财富自由"？我们想要的财富自由又是什么样的状态？其实这两个问题就涉及我们的财富观。凡是富裕起来的人都有自己的财富观。你要有自己明确的财富观，才会有相对应的行动，即你要问自己：第一，拥有多少财富才算是实现了财富自由；第二，当实现了财富自由后，怎么使用财富或者想做什么事情。只有对财富自由有了清晰的概念，你才会有更加切合实际的行动。

先从一件事开始实践该思想： 把你现在的梦想写下来，特别是关于财富的目标，马上写下来，然后想尽一切办法去实现它。

同时，你能想到哪些运用该思想的经典案例？ _____

你会将该思想运用到什么地方？ _____

▌第4天▌

思想04
虚怀若谷："空瓶子"思想

真正的虚心，是自己毫无成见，思想完全解放，不受任何束缚，对一切采取实事求是的态度，具体分析情况，对于任何方面反映的意见，都要加以考虑，不要听不进去。

——邓拓

我们去打水，如果是拿着装满水的瓶子去，肯定一无所获；如果是拿着装了半瓶石块去的瓶子去，就只能装着半瓶水回来，只有我们拿着空瓶子去，才能打满一瓶水回来。

同理，我们外出去谈生意，如果满脑子都是自己的利益和打算，那注定是空手而回；如果带着"半瓶"的思维去交流，那所得最多也只是半拉子生意；只有我们虚怀若谷，用"空瓶子"的思维去交流，才能聆听到客户的声音，才有可能发现商机。

客家人有句歇后语，叫"瓦荷包——有两个钱就当当响"。同理，知识浅薄的人往往夸夸其谈，学识渊博的人反倒更加谦虚谨慎。培根告诫过不谦虚的人："凡过于把幸运之事归功于自己的聪明和智谋的人多半结局是很不幸的。"如果你陷于骄傲、自满，就难免会拒绝别人的忠告和帮助，难免会失去做人做事的客观标准，甚至走上执拗、故步自封的道路，最终一事无成。

而谦虚谦逊，会让我们更有干劲，更有热情，也更有空间去接纳更多的人和事、更多的知识和财富。希望你能时刻带着一种"空瓶子"思想，去对待不同的人和事，让每一次商谈、会晤都有更广阔的接纳空间。

> **先从一件事开始实践该思想**：就某一个问题（最好是财商方面的问题），拿着笔记本去请教一位朋友，问问他有什么好的主意。
>
> 同时，你能想到哪些运用该思想的经典案例？_____
>
> 你会将该思想运用到什么地方？_____

▌第5天▌

思想05
营销：重视销售

营销是关于企业如何发现、创造和交付价值以满足一定目标市场的需求，同时获取利润的学科。

——菲利普·科特勒

1970年，韩国青年企业家郑周永准备投资创办蔚山造船厂，并计划建造100万吨级的油轮。虽然他筹集了足够的贷款，但是要取得大吨量级的订货单真是难上加难，因为在当时没有一个外商相信韩国企业有造大船的能力。后来郑周永发现，在500韩元纸币上印有16世纪朝鲜民族英雄李舜臣发明的运兵船"龟甲船"，其形状极易使人想起现代的油轮。于是，郑周永揣着这张旧钞四处游说，宣称朝鲜在400多年前就已具备了造船的能力，李舜臣就是用这种船大败日本人，粉碎了丰臣秀吉的侵略，韩国企业完全能胜任现代化大油轮的建造工作。有了这个生动的营销广告，外商果然相信了郑周永的实力，并很快就与他签了两张26万吨级油轮的大订单。后来郑周永成了韩国的一代"船王"。

营销是一本大书，书中有理性、情感、逻辑和人性，共同构建了色彩斑斓的营销世界。不重视营销，就会丢失市场；重视营销，就可以让企业起死回生。如果要我只推荐一本营销方面的书，那我会推荐菲利普·科特勒的《市场营销》。

同时要高度注重销售，没有销售就没有利润。销售人员永远站在企业的第一线，永远更接近产品、接近客户、接近利润。所以，重视销售才能获取更多的利润。

先从一件事开始实践该思想： 为你自己或朋友的一种产品制订一个广告营销方案，并认真去实施。

同时，你能想到哪些运用该思想的经典案例？ _____

你会将该思想运用到什么地方？ _____

┃第6天┃

思想06
百折不挠：绝不放弃

卓越的人的一大优点是：在不利和艰难的遭遇里百折不挠。

——贝多芬

茱莉亚·柴尔德是全球著名的顶级烹饪师，曾经荣获艾美奖、法国的荣誉军团勋章和美国的总统自由勋章，但是她的成名作《精通法式烹饪艺术》（*Mastering the art of French cooking*）的出版之路却曲折万分。1953年，由茱莉亚·柴尔德牵头的团队，与一家出版社签订了《美国厨房中的法式佳肴》一书的出版合同。随后茱莉亚·柴尔德团队历经5年，终于写出了850页的书稿，但是出版社却以稿件质量不佳为由拒绝出版。为此，他们修订了2年，谁知出版社再次拒绝出版该书。但茱莉亚·柴尔德团队并未放弃，他们继续努力，过了8年，经过对原书稿的修改完善，茱莉亚·柴尔德找到了新的出版社，出版了《精通法式烹饪艺术》一书。该书出版后，好评如潮，销量很快就超过了百万册。5年后，茱莉亚·柴尔德成为《时代周刊》的封面人物。

NBA（美国职业篮球联赛）公牛王朝的王牌人物迈克尔·乔丹曾说："我可以接受失败，但不可以接受放弃！"正是这种理念，推动他带领公牛队6次夺得NBA总冠军，他自己也6次当选NBA总决赛MVP（美国职业篮球联赛最有价值球员奖）。迈克尔·乔丹有着惊人的不服输、不放弃的精神，在其职业生涯的15个赛季中，一共有25次绝杀。其中，在1997年的NBA总决赛中，尽管迈克尔·乔丹赛前发着高烧，但仍然在比赛的最后2.8秒出手命中，绝杀老对手爵士队，成功卫冕！

丘吉尔曾说："千万、千万、千万不要轻言放弃。"百折不挠的力量是很神奇的。一瞬间的放弃很轻松，但是困难也就永远以未解决的方式跟随着你；如果咬紧牙关坚持下去，不折不挠，你就会发现，坚持到最后更加轻松！永不放弃、永不服输的茱莉亚·柴尔德和迈克尔·乔丹正是我们在致富路上要学习的榜样。

先从一件事开始实践该思想：尝试参加一次迷你马拉松比赛。

同时，你能想到哪些运用该思想的经典案例？＿＿＿＿＿＿＿＿

你会将该思想运用到什么地方？＿＿＿＿＿＿＿＿＿＿

▌第7天▌

思想07
自信：信心满满

> 胜人者有力，自胜者强。
>
> ——《老子》

交响乐指挥家小泽征尔在参加一次世界优秀指挥家大赛的决赛时，按照评委会给的乐谱指挥演奏。不久，他就在演奏中发现了不和谐的声音。起初，他以为是乐队演奏出了错误，就停下重新指挥，但不和谐的声音始终存在。他觉得是乐谱出了问题，但是在场的作曲家和评委会的权威人士都坚持说乐谱绝对没有问题。

面对在场的作曲家和评委会的权威人士，他思考再三，最后斩钉截铁地大声说："不！一定是乐谱错了！"话音刚落，评委席上的评委们立即站起来，报以热烈的掌声，祝贺他大赛夺魁。原来，这是评委们精心设计的"圈套"，以此来检验指挥家在发现乐谱错误并遭到权威人士"否定"的情况下，是否能坚持自己的正确主张。前两位参加决赛的指挥家虽然也发现了错误，但终因附和权威人士的意见而被淘汰。小泽征尔因自信摘取了世界优秀指挥家大赛的桂冠。

相信你自己！无论何时、何地、何种境况，不要让任何人的质疑摧毁了你的信心。

成功的人都是自信满满的，即使被很多人质疑、打击，也依然昂首前行。在财富的世界里，不需要没有建设性的抱怨和自暴自弃，自暴自弃会影响你的绩效、你的心态和你的财运。

相信自己，支持自己，用积极乐观的心态去思考和行动，你就会有赢得财富的机会。

先从一件事开始实践该思想：找出你最擅长的一件事，比如游泳或下象棋，并找个朋友一起去做。

同时，你能想到哪些运用该思想的经典案例？＿＿＿＿＿＿＿＿＿

你会将该思想运用到什么地方？＿＿＿＿＿＿＿＿＿

┃第8天┃

思想08
风险：敢于和善于冒险

要冒一次险！整个生命就是一场冒险。走得最远的人，常是愿意去做，并愿意去冒险的人。

——戴尔·卡耐基

鲁冠球在农村出生，15岁就辍学做了打铁的小学徒，3年后被辞退，又回到了农村。不服输的鲁冠球决定冒险创业。他看到乡亲们磨米面不方便，就筹钱购买设备开办了一家米面加工厂。后来因为禁止私人经营，不但工厂被关掉，还卖掉3间老房子抵债。再后来，鲁冠球在经过15次申请之后，开办了一个铁匠铺，做回了他的老本行，逐渐积累了一些资本。到了1978年，鲁冠球的工厂已经挂上了宁围农机厂、宁围轴承厂、宁围链条厂等多块牌子。1980年，在全国汽车零部件订货会上被拒绝入场，但他却在会场外摆起了地摊，并主动降价20％，引起了大家的注意，由此获得了210万元的订单，使自己的工厂走向了快速发展的道路。

可以说，冒险是企业家必备的精神。富人的世界从来都是"富贵险中求"。险中求财，不是盲目不顾风险，而是在分析风险、控制风险的前提下，求得险中财。

先从一件事开始实践该思想：参加一次野外徒步登山活动。

同时，你能想到哪些运用该思想的经典案例？＿＿＿＿＿＿＿＿＿＿

你会将该思想运用到什么地方？＿＿＿＿＿＿＿＿＿＿＿＿＿

▌第9天▌

思想09
竞争：喜欢竞争

企业如果在市场上被淘汰出局，并不是被你的竞争对手淘汰的，一定是被你的用户所抛弃。

——汪中求

商业是竞争的游戏，市场是竞争的场所，金钱是竞争的产物。在这个时代中，每个人都在进步，每个企业都在成长，竞争不可避免、竞争无处不在。在商品市场竞争的浪潮里，大家各呈绝技，在竞争中互相促进、共同提高。其实竞争的结果是：水涨船高，成就了别人，也激励了自己。

当然，提倡正当正义的竞争是必须的，如果你不择手段地去竞争，就违反了游戏规则，甚至会触犯法律。一个人只要竞争到最后，无论是成功还是失败，至少你战胜了自己。因为在竞争中，你必须拿出所有的实力，拼尽全力去拼搏。竞争就是超越自己、实现梦想的过程。

虽然竞争都是残酷的，但是正如古罗马的奥维德所说："一匹马如果没有另一匹马紧紧追赶着并要超过它，就永远不会疾驰飞奔！"适当的竞争能让我们更加努力。面对竞争，我们要敢于展现实力，勇于战胜自我。你要想致富，就要有竞争的意识和能力。不要害怕竞争，竞争才是市场经济的主旋律。

先从一件事开始实践该思想：参加一项具有对抗性的一对一的活动，比如拳击、乒乓球赛、两人赛跑等。

同时，你能想到哪些运用该思想的经典案例？＿＿＿＿＿＿＿＿＿＿＿

你会将该思想运用到什么地方？＿＿＿＿＿＿＿＿＿＿＿＿＿

▌第10天▐

思想10
诚信：一诺千金

> 信用既是无形的力量，也是无形的财富。
>
> ——松下幸之助

尼泊尔是一个多山的小国，地处喜马拉雅山南边，毗邻我国西藏地区。早年因为自然条件和商业环境的限制，鲜有外国人到尼泊尔旅游。有一次，几个日本摄影师来到尼泊尔的一座大山上拍风景，他们请一个叫切特里的小男孩帮忙去买啤酒。因为路途远，快天黑时切特里才买回了5瓶啤酒。第二天，摄影师们又请切特里去买啤酒，并且给了他足够买一打啤酒的钱。可是到了晚上，切特里还没回来。摄影师们非常后悔给切特里太多钱，他们既担心切特里因为这点钱出意外，又担心他出了意外不敢回来。到了第三天深夜，浑身泥浆的切特里回来了！原来那间杂货店只有4瓶啤酒了，他又翻过了4座山岭，一共买了10瓶啤酒，路上摔倒打碎了3瓶。切特里把7瓶啤酒、玻璃碎片和找回的钱都一起拿了回来！日本摄影师们非常感动，回国后把这个感人的故事讲给同胞听。后来，到尼泊尔旅游的日本人越来越多，极大地带动了当地旅游业的发展。

"红顶商人"胡雪岩一生讲诚信、凭诚信起家，他所创建的"胡庆余堂"是远近闻名的百年老店，店里至今还挂着"戒欺"的牌匾，胡雪岩亲自为牌匾写了跋文："凡百贸易均着不得欺字，药业关系性命，尤为万不可欺。余存心济世，誓不以劣品弋取厚利，惟愿诸君心余之心。采办务真，修制务精，不至欺予以欺世人，是则造福冥冥，谓诸君之善为余谋也可，谓诸君之善自为谋亦可。"

是的，从短期看，坚守诚信可能付出的多而得到的少，但是从长远来看，诚信一旦成了你的名牌、你的符号，那生意和财富就会主动找上门来。

先从一件事开始实践该思想：向朋友承诺做一件有挑战性的事情，并全力以赴去完成。

同时，你能想到哪些运用该思想的经典案例？ _____

你会将该思想运用到什么地方？ _____

▋第11天▋

思想11
勤奋：天道酬勤

> 业精于勤，荒于嬉；行成于思，毁于随。
>
> ——韩愈

　　投资界有很多天才，他们在资本市场几乎百发百中，很少失手。有这么一位投资高手，他亲自走遍了所有想投资的公司，最终创造了获得700倍投资回报的奇迹，他就是"华尔街投资之王"彼得·林奇。彼得·林奇在《战胜华尔街》一书中曾讲述，有电视台主持人问他什么是"成功的秘密"时，他回答："我每年要访问200家以上的公司，阅读700份年度报告。"有人统计，彼得·林奇一年的行程是10万英里（1英里=1.609344公里），也就是一个工作日400英里。他早晨6点15分乘车去办公室，晚上7点15分才回到家，路上都在阅读。他和他的研究助手每个月要把近2000家公司检查一遍，假定给每家公司打电话的时间为5分钟，每周就需要近40个小时。彼得·林奇的勤奋获得了巨大的回报，自他入职后13年，他所在的麦哲伦基金规模达到了140亿美元，翻了700倍，成为当时全球资产管理金额最大的基金，基金持有人超过100万人。麦哲伦基金的投资绩效也名列第一，13年的年平均复利报酬率高达29%。

　　勤奋，是赚钱的必要条件。有位商人说得好，"财富是勤奋的副产品，财富只是对我们勤奋的奖品"。

先从一件事开始实践该思想：周六主动加一天班，梳理一周以来的工作，查漏补缺。

同时，你能想到哪些运用该思想的经典案例？_____

你会将该思想运用到什么地方？_____

▌第12天▌

思想12
胸襟：大气大度

泰山不让土壤，故能成其大；河海不择细流，故能就其深。

——李斯

你有百万元的格局，就能做成百万元的生意；你有千万元的格局，就能做成千万元的生意。

国防大学金一南教授曾在一次演讲中与青年们分享三点人生体会，即做有心人、干困难事、立大格局。是的，胸怀的广度与赚钱的力度总是成正比的。见不得别人成功，自己就很难成功；容得下别人，容得下事情，成功就来得容易。尤其是做生意，你的气量和格局的大小，直接决定着你赚钱的多少和商业成就的大小。无论是经营、管理还是投资，生意人所面临的问题肯定有大小和主次之分，即有些事从局部来看极其重要，但对全局来说却是次要的，这时你就应该以全局统御局部。生意人在得失面前，

要大气、识大体、顾大局，要能够为大局舍一时之利、个人之利。

格局越大，度量、气量越大，就越能做大事、成大事。

先从一件事开始实践该思想：原谅一位曾经欺负过你甚至背叛过你的人。

同时，你能想到哪些运用该思想的经典案例？＿＿＿＿＿＿＿＿

你会将该思想运用到什么地方？＿＿＿＿＿＿＿＿＿＿＿＿

▌第13天▐

思想13
金融：重视金融知识和金融产品

> 我一直喜欢金融。因为，金融是智力产品/思维产品，而不是实体产品。金融就是用金融资本和智力资本去做产品。这是它吸引我的地方。
>
> ——卡顿·罗斯

现代社会，无金融不经济。金融早已成为现代经济中调节宏观经济的重要杠杆，它在现代经济中具有核心地位。当今社会，每一件物品、每一项服务、每一个企业，都可以变成一种金融产品，都可以通过金融运作去产生更多的效益和价值。

什么叫金融运作？其实就是利用金融工具推动资金有序地流入最有效率的国家和地区、最有效率的产业、最有效率的企业、最有效率的项目，以及最有效率的个人，从而实现资本的增值和扩张。毫不夸张地说，中国正逐步实现全面金融化。

所以，我们一定要尽最大努力去学习金融方面的知识和技能，培养金融素养，并在适当的时候让自己的资产通过并购、基金、投资、入股等方式迅速转动起来，以便我们在创富之路上走得更加顺畅。

> **先从一件事开始实践该思想：**持续一周看电视时只看CCTV-2财经频道。
>
> **同时，你能想到哪些运用该思想的经典案例？** _____
>
> **你会将该思想运用到什么地方？** _____

▌第14天▌

思想14
分享：互利共赢的机会

> 想要干大事，就必须懂得跟别人分享，而不是一味地往自己怀里捞。
>
> ——胡雪岩

1974年，杭州还只有一家接待外国人的酒店，名为杭州望湖宾馆。当时经常有一个身材瘦小但是非常机灵的小男孩耐心地守候在宾馆门口，为入住的外籍游客免费提供导游服务。整整8年，这个小男孩坚持免费提供导游服务、锻炼自己的口语，慢慢地，他的英语口语越来越娴熟，视野也越来越开阔，为他后来考入大学、与外国人交流打下了基础。想必你也猜到了，这个小男孩就是马云。1974年，他才刚刚10岁。

分享的思想，就是这么神奇。你越分享，拥有的就越多。

分享利益，你的蛋糕会越做越大；分享思路，你的方案会更加完善；分享快乐，你的快乐会传播得更远；分享决策权，你的选择会更加精准有效。

分享是无形的交换，会带来互利共赢的机会。所以，从现在开始，赶紧去分享吧！

先从一件事开始实践该思想：把你喜欢的一件物品送给朋友。

同时，你能想到哪些运用该思想的经典案例？＿＿＿＿＿＿＿＿＿＿

你会将该思想运用到什么地方？＿＿＿＿＿＿＿＿＿＿＿＿＿

▌第15天▐

思想15
老板理念：拿钱换时间

什么人适合做老板呢？不是趾高气昂，能给别人发薪水、指派活儿的人就是老板，是那些有能力给别人成长机会的人，才是真正的老板。

——李笑来

你想找一份月薪10万元的工作，在当下并不容易；但如果你找到100个每月为你纯赚1000元的人，那么想在一个月赚10万元就很容易。很多老板自己就是业务方面和销售方面的高手，但他们为了企业的长远发展，绝不事事都亲力亲为，而是更加倾向于雇用更多的人来替自己工作，这就是"用金钱换时间"的老板理念。用金钱来买别人的时间，从而把自己解放出来去做更重要的事情。而普通打工仔的思维，通常就是拿时间换钱，用自己的时间去换取劳动报酬。

支付工资，是老板的思想。想要获得成功，一定要有"拿金钱换时间"的思维。如果你能给别人支付工资，你就是有能力解决他工作的人，那么你就在致富路上成功了一半。

先从一件事开始实践该思想：去跟公司的出纳员聊天，了解每个月单位要发多少个人、合计多少钱的工资。

同时，你能想到哪些运用该思想的经典案例？ _____

你会将该思想运用到什么地方？ _____

▮ 第16天 ▮

思想16
毛遂自荐：学会推销自己

你若说服自己，告诉自己可以办到某件事，假使这事是可能的，你便办得到，不论它有多艰难。相反的，你若认为自己连最简单的事也无能为力，你就不可能办得到，而鼹鼠丘对你而言，也变成不可攀的高山。

——艾蜜莉·顾埃

2005年，时任微软全球副总裁的李开复，搜索到谷歌CEO（首席执行官）埃里克·施密特的邮箱，并主动写了一份自我推荐的邮件给埃里克·施密特，于是就有了后来谷歌在中国设立产品研发中心、由李开复担任谷歌全球副总裁兼大中华区总裁，并负责中国研发中心的运营的故事。由此，李开复既完成了回到中国的心愿，也为他后来创办"创新工场"、开辟中国风险投资和创业新模式创造了机会。

连大名鼎鼎的李开复都要自我推荐，更何况我们呢？所以，我们每个人都要有随时随地推销自己的想法。想要推销产品，先要推销自己；想要有机会和平台，先要推销自己。

在现今社会，专业化人才不稀缺，稀缺的是有想法、敢行动的综合型人才。能力也是要表现出来的，"酒香也怕巷子深"，人如果不适时抓住机会，就有可能错过成功的大门。

在工作和生活中，如果没有人推荐，我们可以尝试毛遂自荐，引起别人的注意，让别人相信你。如果你有才干，更要主动做出应有的贡献，让自己承担更多的责任，从而更快地提高，更好地成长。

先从一件事开始实践该思想： 给自己心仪的一家公司写一封自我推荐信。

同时，你能想到哪些运用该思想的经典案例？ ＿＿＿＿＿＿＿＿＿＿

你会将该思想运用到什么地方？ ＿＿＿＿＿＿＿＿＿＿＿＿＿

▌第17天▌

思想17
成人之美：帮助他人成功

成功与你帮助的人数成正比。

——克雷格

帮助他人成功，你自己就已经获得成功。

很多人不懂这个道理，总是阻碍别人发财，岂不知在挡住别人财路的同时也就挡了自己的财路。其实你在帮助别人的同时，就是不断提升自己、成就自己的过程。同时，帮助别人也是给自己今后留下了一条光明大道。20世纪80年代初，澳大利亚一个叫莫里的小男孩和家人来到中国杭州旅行，认识了一个叫马云的小男孩，二人结下了一段难忘的异国情谊。莫里一家一直在无私地帮助马云，包括邀请马云赴澳大利亚旅游长见识，资助马云读大学，甚至在马云结婚时帮助新婚的马云夫妇买了人生中的第一套房。莫里一家怎么也没想到马云后来会有如此大的成就。马云功成名就后，也不忘报恩。2017年，马云公益基金拨款2600万澳元（折合人民币1.36亿元）在澳大利亚纽卡斯尔大学（The University of Newcastle）设立了"马云-莫里奖学金"，就是为了纪念这段美妙的缘分。

所以，人在落魄落难的时候，是最需要帮助的时候。如果你在这个时候去帮助别人，别人肯定会感激不尽。但是你要记住，帮人的时候，一定不要想着得到别人的回报，帮是你自己的事，回报是别人的事。你只管去帮人，能帮人就是对你自己最好的回报。

先从一件事开始实践该思想：尽全力帮助你的一个亲友去完成他的一个心愿。

同时，你能想到哪些运用该思想的经典案例？ _____

你会将该思想运用到什么地方？ _____

Ⅰ 第18天 Ⅰ

思想18
自律：学会自制自控

真正的自由是在所有时候都能控制自己。

——蒙田

自律是近年来非常火热的一个概念。这是一个好现象。能否自律是一个人成熟与否的标志。

当然，自律是有大前提的，这个大前提就是自己要有具体的目标信念。这个信念是很重要的，有目标的自律才是真正的自律。比如你要健身，那你就要定下一个非常具体的目标：几月几日前，体重要达到多少，肌肉与脂肪的比率是多少，等等，都要有明确的概念。在这样的目标指引下，你才能真正开始自律的行动，并坚持下去。

同时，是否能够随时随地真诚地面对自己是检验是否真正拥有自律思想的标准。即有人在身边和没人在身边都是一样的，都有"该做什么做什么、不该做什么不做什么"的自觉性。在商界还有一点非常重要，就是要时刻意识到你的客户的存在，不管你做战略决策，还是生产产品，都要有客户就在现场的自律意识，这才是真正的做生意之道。

自律，还意味着要注意控制自己的情绪。拿破仑曾说："能控制好自己情绪的人，比能拿下一座城池的将军更伟大。" 一次，美国陆军部部长向林肯总统抱怨他受到一位少将的侮辱。林肯建议这位陆军部部长写一封尖酸刻薄的骂信作为回敬。当陆军部部长要把写好的信寄出去时，林肯问："你在干吗？" 陆军部部长不解地问："当然是寄给他啊。" "你傻啊，快把信烧了。"林肯忙说，"我生气的时候也是这么做的，写信就是为了解气。如果你还不爽，那就再写，写到舒服为止！"

情绪稳定是一个人成熟自律的必要条件之一。情绪不稳定的人，往往把任何事情都视为威胁。我们不知道这种人什么时候会大发雷霆，让人没有一点稳定和安全的感觉。而情绪稳定的人，让人感觉很平和，性情与为人处世的方式具有一致性，你不用担心他下一秒会暴躁如雷。情绪稳定的人对好事和坏事的都能泰然处之、平常对待。

你的情绪即是你的修养，也代表你的形象，只有自身携带好情绪，你才有可能对你的客户、你的上司、你的投资者产生积极的影响。生意人，当然更加愿意信任和支持情绪稳定的人，更加愿意和情绪稳定的人打交道、做生意。

　　先从一件事开始实践该思想：坚持21天6点前起床，并做运动锻炼身体。

　　同时，你能想到哪些运用该思想的经典案例？＿＿＿＿＿＿＿＿＿

　　你会将该思想运用到什么地方？＿＿＿＿＿＿＿＿＿＿＿＿

▌第19天▌

思想19
系统：重视商业模式

要有规律而系统地投资。

——格林斯潘

《富爸爸穷爸爸》一书的作者之一罗伯特·清崎曾说："在我12岁的时候，富爸爸给我讲过管道的故事，就是这个故事一直引导着我获得财富，并最终实现了财富自由。多年来，管道的故事一直指引着我，每当我要做出生活决策时，这个故事都能给我以帮助，我时常问自己：'我究竟是在修管道还是在用桶提水？''我是在拼命地工作还是在聪明地工作？'我对这些问题的回答使我最终获得了财富自由。"

这里面说到的"管道思维"就是系统思想的精髓。

再回到管道的故事。

以前有一个村缺水，村的远处有一条河，村里有两个小伙子打算从那条河里把水弄过来卖给村民。小伙子甲找了两个桶，每天从河里挑水回来卖，挑一桶卖一桶，收入很不错。小伙子乙则请了一帮人，花了大半年的时间修了一条水管，水管修好后，小伙子乙安装了一个自动计费的系统给村民们供水，收入是小伙子甲的10倍。小伙子甲傻眼了，自己辛辛苦苦挑水却只能赚到小伙子乙的收入的十分之一，而且，小伙子乙休息的时候收入一点没少，而自己如果没去挑水就一点收入也没有。

小伙子甲和小伙子乙的区别是什么？一条水管。水管就是供水系统。系统，就是富人赚钱的最大秘密。

所谓系统，就是整合各种资源打造一种商业模式或盈利模式，只要系统运转正常，就可以源源不断地赚钱，不分春夏秋冬，不分白天黑夜，不分晴天雨天，不管你工作与否。

马化腾与人合伙创立的腾讯旗下有QQ、微信等一系列产品，每一个产品都是一个系统。只要拥有了赚钱的系统，你就不用再依靠你的工作时间赚钱，你能赚多少钱取决于你的系统，而不是你的努力程度，或是你的智商、情商等一切个人因素。

先从一件事开始实践该思想：考察分析麦当劳和肯德基商业模式的异同。

同时，你能想到哪些运用该思想的经典案例？ _____

你会将该思想运用到什么地方？ _____

▌第20天▌

思想20
沉潜：拒绝浮躁

非淡泊无以明志，非宁静无以致远。

——诸葛亮

司马迁说："文王拘而演《周易》；仲尼厄而作《春秋》；屈原放逐，乃赋《离骚》；左丘失明，厥有《国语》；孙子膑脚，《兵法》修列。"这些真正有传世作品的集大成者，都是拒绝浮躁、甘于寂寞的。

三国时期的曹爽原本是谦虚谨慎之人，后来就任大将军后，就开始浮躁起来，专权乱政、侵吞财产，并且一意孤行出兵伐蜀，造成国内虚耗、死伤惨重，后来司马懿发动高平陵政变，解除了他的职务，曹爽最终惨遭诛杀。

浮躁，会让一个人没有定力，没有毅力，最终一事无成。拒绝浮躁，拒绝"挖半口井"的思想，让沉静、执着的品质融入我们的血液。

先从一件事开始实践该思想： 每天睡觉前看书两个小时，坚持21天。

同时，你能想到哪些运用该思想的经典案例？ _____

你会将该思想运用到什么地方？ _____

┃第21天┃

思想21
全力以赴：力不到不为财

我们必须咬紧牙关，全力以赴去做一件事情；否则，我们将一事无成。

——俾斯麦

秀仕宝（Southport）作为国内屈指可数的生产高尔夫球鞋的企业，从1999年创建至今，已经有20多年的历史。为什么这么多年来，国内众多的高尔夫球鞋品牌只有秀仕宝生存了下来，而且越做越好呢？低调务实的秀仕宝创始人李永斌用一句话总结了他艰辛的创业之路，那就是"力不到不为财"。

"力不到不为财"是一句粤语俗语，意思是：没有全力以赴、下足够的力气是不会赚到钱的。财富，都是伴随着努力产生的。霍英东曾说："在香港富豪里，我的出身是最苦的。力不到不为财。"是的，"力不到不为财"，这是至理名言。凡事必须全力以赴，才能事半功倍。没有尽全力，财富就会从指缝中溜走。

所以，想要致富，一定要用尽全力，用辛勤的汗水、努力的工作，来达到既定目标。

先从一件事开始实践该思想：用一个月的时间研究三只你看好的股票，一个月后再决定是否买入其中一只。

同时，你能想到哪些运用该思想的经典案例？＿＿＿＿＿＿＿＿＿＿

你会将该思想运用到什么地方？＿＿＿＿＿＿＿＿＿＿＿＿

▌第22天▌

思想22
知行合一：学以致用

知者行之始，行者知之成。

——王阳明

毛泽东在青年时代读了很多书，也注重和青年才俊一起讨论问题，但

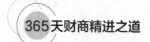

是他更加重视"知"和"行"的统一。特别是在20世纪20—30年代，他曾经深入农村做过十几个系统的调研，通过这些调研，有了第一手的记录，写出了《中国佃农生活举例》《寻乌调查》《木口村调查》等报告，通过撰写调查报告，他对"知"和"行"有了更深的理解和认识，尤其是对依靠农民、发动农民等问题，有了更加宏观和微观的把握。

所以知识本身不具备力量，除非你去运用它。王阳明提倡的"知行合一"，毛泽东所说的"没有调查就没有发言权"，就是"学以致用"的思想。

> 先从一件事开始实践该思想：找一本关于企业成长或自我成长的书，按照书中的一个观点去行动，并写下反馈意见。
>
> 同时，你能想到哪些运用该思想的经典案例？＿＿＿＿＿＿＿＿＿
>
> 你会将该思想运用到什么地方？＿＿＿＿＿＿＿＿＿＿＿＿

▌第23天▐

思想23
认识自我：剖析自己

知人者智，自知者明。胜人者有力，自胜者强。

——老子

"认识你自己"——这是铭刻在希腊圣城德尔斐神殿上的著名箴言。

要认识自己，就要不留情面、客观冷静地剖析自己。只有全方位地分析自己，才能更好地扬长避短、发挥优势、创造财富。分析自己是为了认识自己，认识自己是要了解自己的优劣势，了解了自己的优劣势才能清楚自己的价值，清楚了自己的价值才能创造更多的价值。

关于这个话题，有心人可以去看看彼得·德鲁克的一篇经典文章——《自我管理》，这是《哈佛商业评论》的最佳文章之一。按照这篇文章提出的分析自己、管理自己的方法去做，你肯定会成为一个更加优秀、更有创意的你。

美国"股神"巴菲特曾说："每个人终其一生，只需要专注做好一件事就可以了。"他就是充分利用了自己的优势，通过一生专注一件事，成就了巴菲特财富王国。日本"煮饭仙人"村嶋孟，年轻时历经战火，曾经流落到捡面包配杂草充饥的地步，认为"能吃到一碗热腾腾的白饭，就是人生一大幸事"。因此，他对米饭的感情尤深，他一生就做一件事，那就是用传统古法做出好吃的饭。

我们要清楚地认识到自己的优劣势。找工作不要一味地想安稳，你需要找到自己的优势、特长，然后再去想应该找什么样的工作。要让工作适合你，而不是让工作打磨你，要用你的优势去赚钱。

先从一件事开始实践该思想： 在纸上写下自己的5个特长。

同时，你能想到哪些运用该思想的经典案例？_____

你会将该思想运用到什么地方？_____

▌第24天▐

思想24
教训：关注失败

> 一个伟大的企业，对待成就永远都要战战兢兢，如履薄冰。
>
> ——张瑞敏

比尔·盖茨说，微软离破产永远只有18个月！

任正非说，华为终有一天会倒闭！

波音公司在做新员工入职培训时，会特意播放波音公司倒闭的假想新闻。

所以，你有没有想过：自己离失败还有多远？

"关注失败"这个词组应该放进你的词典中。关注失败，能教你提前预见、提前防范潜在的危险；也会不断鞭策你去学习、进步、提高，否则你就会落后、会受惩罚。关注失败，会推动你富起来，也会让你保持警惕继续富下去。

先从一件事开始实践该思想：回想自己最彻底的一次失败，并认真分析原因。

同时，你能想到哪些运用该思想的经典案例？ _____

你会将该思想运用到什么地方？ _____

▌第25天▐

思想25
价值：关注价值而非价格

价值投资不能保证我们盈利，但价值投资给我们提供了走向真正成功的唯一机会。

——巴菲特

大家学过经济学就知道，价格只能在一定程度上反映价值。

关于价值投资，巴菲特自己讲过"可口可乐"的案例。1919年，可口可乐公司上市，每股股价40美元左右。一年后，股价降了50%，只要19美元。然后又出现了瓶装问题、糖料涨价问题等；若干年后，又发生了大萧条、第二次世界大战、核武器竞赛等。总是有这样或那样的不利事件。但是，如果你在一开始用40美元买了一股，然后把派发的红利继续投资于它，那么当初40美元/股的股票，现在已经变成了500万美元/股。

当然，巴菲特肯定也不会错过可口可乐这个价值投资的好标的，直到1989年春天，伯克希尔的股东们才知道，巴菲特动用了10.2亿美元购买可口可乐的股票，占可口可乐公司股份的近7%，是伯克希尔投资组合的三分之一。这笔投资给伯克希尔的股东们带来了意想不到的巨大收益。

是的，请你更多地关注一家企业、一种资产背后的价值，而非价格。当有了关注价值的理念，你看待事物就会有不一样的视角。苹果手机、爱马仕包、茅台酒，都是价值创造财富的经典案例。所以，你能创造多大的价值，就能拥有多大的财富。

先从一件事开始实践该思想：选一只日常关注过的股票，研究它近半年来的价格和该公司的运营情况，并写一篇观察日志。

同时，你能想到哪些运用该思想的经典案例？＿＿＿＿＿＿＿＿

你会将该思想运用到什么地方？＿＿＿＿＿＿＿＿＿＿＿

第26天

思想26
货殖：关注贸易

故通商者，相仁之道也，两利之道也。客固利，主尤利也。

——谭嗣同

"尚未有过因贸易而灭亡的国家"，却有不少因为闭关锁国、拒绝贸易而衰落的国家。贸易，是市场经济的源头，也是财富的矿藏所在。可以说，在贸易的世界里到处都有致富的商机。无论国家还是个人，只要发现了贸易的秘密、控制了贸易的渠道，就能拥有掌握财富的金钥匙。

一定要研究贸易、关注贸易；贸易，能够为你带来财富。

先从一件事开始实践该思想：尝试在街头摆摊卖东西。

同时，你能想到哪些运用该思想的经典案例？＿＿＿＿＿＿＿＿

你会将该思想运用到什么地方？＿＿＿＿＿＿＿＿＿＿＿

▌第27天▌

思想27
客户：重视消费者

为顾客节省每一分钱。

——山姆·沃尔顿

美国著名记者劳伦斯有一次访问日本，回程时路过一家百货商店，购买了一部"索尼"随身听，由于急着赶飞机，就没顾得上拆开检查。等劳伦斯回到美国后，发现里面居然只是一个空壳。劳伦斯很恼火，当夜写了一篇新闻稿，名为《一个世界知名企业的骗局》，准备第二天一早就在华盛顿邮报上刊出。

然而就在凌晨2点，劳伦斯接到索尼公司打来的越洋电话。一位索尼公司负责人向劳伦斯表达了歉意，原来因为售货员的疏忽，把展示用的样品卖给了劳伦斯。劳伦斯不解地问日本主管："我当时匆匆路过，没有留下名字和任何联系方式，你们是怎么找到我的？"索尼负责人解释说，为了寻找劳伦斯，索尼公司东京办事处派了20多个人，查访了上百人，打了27个加急电话，直到凌晨才找到了劳伦斯的联系方式。

过了一天，劳伦斯收到索尼公司派专人送来的正品机和一封道歉信，当晚，他就把那篇准备发表的文章扔进了垃圾桶，重新写了一篇文章，叫作《27个加急电话——一个优秀企业对信誉的挽救与维护》。

如果你能像索尼公司那样有这种关心顾客、服务顾客的心，那做任何生意都不会难。

要致富，就要密切关注消费者，关注他们的消费能力、消费趋向、消费偏好，要通过满足消费者的需求、真心服务消费者来创造利润。

> 先从一件事开始实践该思想：给你的客户写一封感谢信。
>
> 同时，你能想到哪些运用该思想的经典案例？＿＿＿＿＿＿＿＿＿
>
> 你会将该思想运用到什么地方？＿＿＿＿＿＿＿＿＿＿＿

▎第28天▎

思想28
职业：崇尚工匠精神

工匠精神是现代制造业的良心。

——佚名

　　1982年，他还是黑龙江虎峰林场里的一名职业伐木工人。后来，林区附近修建了一个小提琴厂。小提琴厂精挑细选了几十名工人，却偏偏没有他。他很不服气，心想："你们能做我也能做。"于是，他查资料、看图纸，观察镰刀头、羊角刨这些工具，回家后凭着记忆做了一套制琴工具。后来，他在琴厂里拜了很多师，心灵手巧的他很快就做出了自己的第一把琴。1997年，他进入中央音乐学院，师从著名制琴大师郑荃。他就是常忠秋。常忠秋制琴30多年，50多岁时已经成为在中国小提琴国际大赛中拿奖第二多的人。

　　常忠秋身上所体现的，正是我们所崇尚的"工匠精神"。从本质上讲，工匠精神是一种职业精神，它是职业道德、职业能力、职业品质的体现。工匠们对细节有很高的要求，追求完美和极致，对精品有着执着的追求，把品质从99%提高到99.99%，其利虽微，却长久造福于世。

工匠精神就意味着专业。专业与业余，是天壤之别。只有专门训练足够长的时间，才有可能凭一门技术活赚钱。永远记住：三脚猫功夫无济于事。

先从一件事开始实践该思想：去作坊当一天木匠，做一件木工产品。同时，你能想到哪些运用该思想的经典案例？ ＿＿＿＿＿＿＿＿＿
你会将该思想运用到什么地方？ ＿＿＿＿＿＿＿＿＿

▮ 第29天 ▮

思想29
勇争第一：不服输

只有第一才会被人记住，做一个产品必须要做第一品牌，否则很难长久，很难做得好，不做第一就不能真正获得成功。

——史玉柱

英格兰东部有一个名叫玛格丽特的小姑娘，自小就受到严格的家庭教育。父亲常向她灌输这样的观点：无论做什么事情都要力争一流，永远坐在别人前面。因此在平时的学习、生活和工作中，这个小姑娘总是抱着一往无前的精神和必胜的信念，尽自己最大的努力克服一切困难，以行动实践着"永远坐在第一排"。中学时，玛格丽特的演讲技巧一点也不高超，不受同学欢迎，可她却毫不顾忌别人的眼光，一有机会就上台演讲。有一次，因为她演讲时间太长，听演讲的人都跑光了，但她仍坚持把自己想讲的话讲完才停止。许多同学对她这种个性不解，但她一直保持着这种独立自信、勇争第一的激情。

这个小姑娘就是英国1979—1990年在任的第一位女首相——玛格丽特·希尔达·撒切尔。

任何行业，只要成为第一，你就是行业首富。如果你的目标是赚1000万元，可能不经意间就赚到了500万元；如果你只想赚1万元，那基本没可能赚到10万元。你的目标决定了你的赚钱方式，也决定了你未来的财富。

先从一件事开始实践该思想：报名参加一项自己擅长的比赛，力争第一名。

同时，你能想到哪些运用该思想的经典案例？ _____

你会将该思想运用到什么地方？ _____

▮ 第30天 ▮

思想30
交流：交换想法

如果没有与外界的沟通交流，所谓的创造与科研只能是闭门造车。

——佚名

商品的交换只是商品的所有权发生了改变，但是思想的交换不一样，如果你和另一个人的思想进行了交换，就可以同时拥有至少两种思想，因为思想与思想的交换还可以产生出新的思想。当然，在交换思想时也要注意分辨，不能采取"拿来主义"的方式，不分青红皂白，一律接受。如果那样做，就达不到有益的效果，反而会适得其反。好的思想要在交换中发扬光大，而那些不良的思想应当在交换时被纠正或剔除。

不要故步自封，要勇于和别人交换想法、思路，这样可以让你的想法更加完善。同时，交流想法可能会衍生出更多更有效的想法。

先从一件事开始实践该思想： 把你对本书中印象最深刻的一种思想与你的朋友分享，听听他对致富的理解。

同时，你能想到哪些运用该思想的经典案例？ _____

你会将该思想运用到什么地方？ _____

┃ 第31天 ┃

思想31
耕耘：只问耕耘，莫问收成

> 莫问收获，但问耕耘。
>
> ——《曾国藩日记》

1930年出生的屠呦呦一直在中国中医科学院（原名中国中医研究院）工作，40多年来她无私耕耘，一直致力于青蒿素的研究。2015年10月，她获得了诺贝尔生理学或医学奖。至此，屠呦呦成为第一位获得诺贝尔科学奖项的中国本土科学家、第一位获得诺贝尔生理学奖或医学奖的华人科学家。2017年1月，屠呦呦获得国家最高科学技术奖。但是在此之前，大多数人都不知道屠呦呦这个名字。

　　著名的陕西作家路遥，人称"拼命三郎"，他住在煤矿山中多年，一边体验生活，一边默默耕耘，创作出曾激励无数年轻人的《平凡的世界》。

　　屠呦呦和路遥身上体现的，正是坚守内心、埋头苦干、潜心研究和踏实工作的耕耘精神。老一辈人常说：只问耕耘，莫问收成。意思是告诫年轻人只管去做，放下利害得失，不要急躁，春耕秋收是自然规律。

　　人类有两件致富的法宝——头脑与双手。钱并不是随随便便就能得到的，富人背后的付出更多。刚起步的年轻人，一定要沉住气，要有"默默耕耘"的心态，先把事情做好，其他额外的收获就会自然而然到来。我们可以把"耕耘"当成银行里的存款，存款越多，利息就会越多。

先从一件事开始实践该思想：选一个时间去山上植树。
同时，你能想到哪些运用该思想的经典案例？＿＿＿＿＿＿＿＿＿
你会将该思想运用到什么地方？＿＿＿＿＿＿＿＿＿＿＿＿＿＿

▎第32天▎

思想32
发光体：愿意影响别人

近朱者赤，近墨者黑；声和则响清，形正则影直。

——傅玄

　　罗伯特·西奥迪尼写了一本影响力极大的书，名为《影响力》，他在书中用简单平实的语言和生动的案例故事或实验向我们诠释了六条影响他人的基础心理学原理：互惠，承诺和一致，社会认同，喜好，权威，稀缺。书中的内容非常明晰深刻、切中要害，对我们生活中一些习以为常的现象有着独到的见解。

　　可以说，在日常生活中，影响力无处不在，媒体、广告、推销、朋友圈乃至各种电视剧、电影，都在影响着我们的思想和行动。与人交往，要么你被人影响，要么你影响别人；要么你说服对方，要么对方说服你。

　　如果你想要去影响他人，那你就要使自己变得更强、更好、更有影响力，要选择做发光的人，做推动别人上进的人。只要你坚持去做正能量的、能够影响别人的事情，就一定会焕发出无穷的活力。

　　先从一件事开始实践该思想：尝试把罗伯特·西奥迪尼《影响力》中的六条影响他人的基础心理学原理简要地描述给你的朋友听，说服他在日常生活中去留心观察这些心理学原理。

　　同时，你能想到哪些运用该思想的经典案例？＿＿＿＿＿＿＿＿＿

　　你会将该思想运用到什么地方？＿＿＿＿＿＿＿＿＿＿＿＿

思想33
大势：关注宏观经济

> 宏观经济学是使用国民收入、经济整体的投资和消费等总体性的统计概念来分析经济运行规律的一个经济学领域。
>
> ——约翰·梅纳德·凯恩斯

施丹教授在精讲《西方经济学》（高鸿业主编）时，对宏观经济有一段精辟的论述："我注意到，宏观经济学并不是作为一门科学产生的，而更像是一种工程学。上帝将宏观经济学带到人间，并不是为了提出和检验优美的理论，而是为了解决实际问题。"

宏观趋势就意味着机会和财富。1974年，当时还只是一名学生的比尔·盖茨在一本杂志上看到了一台微型计算机，他马上敏锐地感觉到，这样的计算机将进入每一个家庭，而这些计算机都需要软件，于是他决定全力投身于这种计算机的软件开发中。随后他从大学辍学，与好朋友艾伦一起创立微软，后来开发出了著名的Windows操作系统。

我们关注宏观经济，就是关注经济大势；关注了经济大势，就有可能把握住风口；把握住了风口，就能赚到大钱。一个不懂经济大势、不懂宏观市场的人，要赚大钱的概率非常小。

先从一件事开始实践该思想：观看美国科幻电影《回到未来》三部曲。

同时，你能想到哪些运用该思想的经典案例？＿＿＿＿＿＿＿＿＿

你会将该思想运用到什么地方？＿＿＿＿＿＿＿＿＿＿＿＿＿

▌第34天▐

思想34
挑战：逆水行舟的思想

我要扼住命运的咽喉，它决不能使我完全屈服。

——贝多芬

　　1960年，成立仅4年的中国登山队，开始了一项似乎不可能完成的任务：攀登珠穆朗玛峰北坡。在全世界的登山高手都不看好的情况下，中国登山队出发了。其中第四组的王富洲、屈银华和贡布3人，在攀登过程中克服了千难万险，在队员邵子庆因严重高山反应而牺牲、全队有25人不同程度冻伤的情况下，最终于1960年5月25日凌晨4点到达珠穆朗玛峰北坡顶峰，他们带上去的除了一面国旗外，还有一座毛泽东的半身塑像。中国登山队成为世界上第一支从北坡登顶的登山队伍。2019年9月，由李仁港执导、阿来编剧、徐克监制，吴京、章子怡、张译、胡歌等主演的电影《攀登者》，就是以他们的故事为依据拍摄的。

　　一件再难的事，如果你没去做，就不知道能不能做成；如果你去做了，就有成功的可能。挑战不可能，不是为了最后的可能，而是为了在挑战的过程中练习胆量、储备力量和抵制负能量。哪怕最后失败了，你也败得有价值，因为你不仅收获了经验和教训，还提升了勇气、胆识和魄力。

没有挑战过不可能，你就不知道你的能量有多大，你就不知道你的能力边界在哪里。成功，就是一次次挑战不可能。

> 先从一件事开始实践该思想：选择自己最不擅长的一件事情，现在就去做。
>
> 同时，你能想到哪些运用该思想的经典案例？ _____
>
> 你会将该思想运用到什么地方？ _____

▎第35天▎

思想35
更迭：不断自我升级

生命不是要超越别人，而是要超越自己。

——西奥多·德莱塞

著名的政治家和雄辩家德摩斯梯尼天生口吃、嗓音微弱，似乎不是演讲的料。但是他没有怨天尤人，而是决心改进自己的不足，他虚心向著名的演讲家请教发音的方法和辩论的技巧。为了改进发音，他把小石子含在嘴里朗读，迎着大风和波涛练习演讲；为了改掉气短的毛病，他一边在陡峭的山路上攀登，一边不停地大声朗诵。通过不断的艰苦练习，不断的自我更新、自我改造，他终于从一个口吃的人变成了著名的雄辩家。

如今，连电脑、手机等电子产品都需要更新迭代，人脑、人的思想就更需要自我革新、自我升级了。

时下，非常流行要走出"舒适区"。如果你一直待在你熟悉的领域、你所擅长的业务范围，而不想再前进一步、再挑战一下，那么你就要警醒了，因为你有可能进入了一个"温水煮青蛙"的危险阶段。

自我革新，让不可能成为现实。如果你还有激情，如果你想创造新的业绩，如果你想赚更多的钱，那么更新迭代的思想必不可少。

> 先从一件事开始实践该思想：通过阅读、上课更新自己的知识。
>
> 同时，你能想到哪些运用该思想的经典案例？＿＿＿＿＿＿＿＿
>
> 你会将该思想运用到什么地方？＿＿＿＿＿＿＿＿＿＿＿

▎第36天▎

思想36
聚焦：集中优势兵力打歼灭战

集中优势兵力，各个歼灭敌人。

——毛泽东

我们常常列出一堆的目标任务，想要一下子完成；我们常常找到好多的书单，想在短期内看完。但是结果往往事与愿违，通常我们一项任务都没有完成，也没能好好读完一本书。

所以，集中力量打"歼灭战"是完成任务的有效方式。我们不要怕落后，"慢工出细活"，把一件事情做好了，把一本书完完整整看完了，就是在进步，就是在提升。

有时候创造财富、投资理财，深度比广度更重要，聚焦比分散更有效。

> 先从一件事开始实践该思想：找一本一直想看而没看的书，在规定时间内，集中精力把它看完。
>
> 同时，你能想到哪些运用该思想的经典案例？ _____
>
> 你会将该思想运用到什么地方？ _____

▌第37天▍

思想37
逆向思维：打破常规

所谓聪明的人，都是善于逆向思维的。

——织田信长

逆向思维是摆脱常规思维羁绊的一种具有创造性的思维方式。运用这种思维方式，往往能更加巧妙地解决问题。

1973年，大英图书馆要从伦敦旧馆搬到圣潘克拉斯新馆。一个巨大的难题摆在了馆长的面前：大英图书馆藏书1300多万册，搬运费至少要600万英镑。这笔巨款对于当时的大英图书馆来说无疑是沉重的负担。于是，有的说找银行贷款，有的说应该请政府出面，有的说找有钱人赞助，但都被否定了。后来，一个图书管理员找到馆长，提出了自己的建议，馆长听后拍案叫好，并立即组织实施，结果不到两个月，不花一分钱就把全部藏书从旧馆搬到了新馆。原来这个图书管理员建议图书馆向外发布这样一条公告："从即日开始，每个市民可以免费从大英图书馆旧馆借20本图书，借阅期限两个月，期满后请将书籍归还到新馆。"大英图书馆巧妙借用读者的力量，完成了1300万册藏书的搬迁工作。

逆向思维既是解决问题的黄金法则，也是投资致富的黄金法则。

先从一件事开始实践该思想：收集5个运用逆向思维解决问题的案例，并进行复盘、总结。

同时，你能想到哪些运用该思想的经典案例？ _____

你会将该思想运用到什么地方？ _____

▌第38天▐

思想38
放大：充分利用杠杆

给我一个支点，我就能撬动整个地球！

——阿基米德

1999年，牛根生从伊利乳业辞职，卖了所持的伊利股份，凑了100万元，正式注册成立"内蒙古蒙牛乳业（集团）股份有限公司"。但在当时想靠这100万元在乳制品行业立足根本不可能，于是在朋友的指点下，牛根生运用杠杆的力量，通过吸引朋友投资等方式，用5个月的时间筹资1000万元，顺利让蒙牛乳业生存了下来。后来，随着一帮伊利的老同事投奔蒙牛，牛根生开创了中国乳制品行业的一个传奇。

富人都是能娴熟运用杠杆思维的人。杠杆思维的本质就是借力打力、四两拨千斤，就是通过已有的资源，做到以少换多、以小撬大，杠杆思维的核心就在于"放大"。

而具体到运用上：一方面，我们可以运用时间杠杆，例如借贷、信用卡和抵押贷款等方式，把未来的钱利用起来；另一方面，我们可以运用空间杠杆，利用加盟、会员和连锁等方式，把别人的钱转移到自己的名下为自己所用。

> **先从一件事开始实践该思想：** 了解基金的运营方式，并购买一只股票型基金。
>
> **同时，你能想到哪些运用该思想的经典案例？** _____
>
> **你会将该思想运用到什么地方？** _____

▎第39天▎

思想39
创新：不因循守旧

> 光看别人脸色行事，把自己束缚起来的人，就不能突飞猛进，尤其是不可能在科学技术日新月异的年代里生存下去，就会掉队。
>
> ——本田宗一郎

1952年底，日本东芝电气公司的董事长石坂正为大量的电风扇库存一筹莫展，当时电风扇行业竞争激烈，这些存货多积压一天就多一天的成本，眼看工资都快发不出了，但是销售方面依然没有丝毫进展。一天，公司的一个年轻小职员向董事长提出了一个小建议：改变电风扇的颜色。原来当时市面上的电风扇基本上都是黑色的，东芝公司的电风扇也不例外。这个年轻职员建议把电风扇由黑色改为浅色，这一建议引起了董事长的高度重视。经过一番详细论证研究，公司采纳了这个建议。于是东芝电气公司马上推出了一批浅蓝色电风扇，结果因为不同的风格大受消费者喜爱，市场上掀起了一股抢购热潮。东芝电气公司在电风扇竞争战中赢得了先机。

创新是创造商机、寻求机会、取得成功的重要途径。创新是注重"变量"，所谓"变"，就是要打破原有思维，去创造新的增量。事物总是变化发展的，我们不能用老眼光、老观点、旧思维看待同一事物。无论是读书学习还是做生意，都是一样，只有创新才可能发展，才能够取得更大的进步。

先从一件事开始实践该思想：回家时选择一条平时没走过的路，在外吃饭时点一份没点过的菜式，或尝试改进公司的一项工艺或流程。

同时，你能想到哪些运用该思想的经典案例？＿＿＿＿＿＿＿＿＿

你会将该思想运用到什么地方？＿＿＿＿＿＿＿＿＿＿

▌第40天▌

思想40
节俭：量入为出

节俭是天然的财富，奢侈是人为的贫困。

——希腊谚语

节俭是致富的种子。

台湾"经营之神"王永庆有一条法则，即"节省一元钱就等于净赚一元钱"，一直被台塑集团员工奉为金科玉律。王永庆先生一条运动时擦汗用的毛巾，居然用了30年。有一篇文章叫《经营之神王永庆的节俭之路》，体现了他的节俭思想，值得大家认真阅读。

我们再来看一个典型的反面案例。他曾经是令无数对手打颤的一代拳王，他在巅峰时期一个回合的比赛就可以赢得几千万美元的收入，他曾经的个人净资产超过4亿美元。但是不到10年的时间，他就败光了4亿美元家产。他的人生既有巅峰，也有低谷，既经历过腰缠万贯，也经历过身无分文，他就是"拳王"泰森。他一直都没有树立"量入为出"的意识，最终成为破产的典型。

威廉·D. 丹科和托马斯·J. 斯坦利所写的《邻家的百万富翁》显示：美国的百万富翁接受调查时普遍表示，他（她）从没为自己或为别人买过价格高于400美元一件的衣服。

致富路上，你一定要时刻抱有这样的思维：在财务收支上，你要设置一个尽可能大的入口，同时设置一个尽可能小的出口。永远让你赚的钱比你花的钱多很多，那你离财富自由就不远了。

先从一件事开始实践该思想：为自己制定一份全年财务预算。

同时，你能想到哪些运用该思想的经典案例？ _____

你会将该思想运用到什么地方？ _____

▌第41天▐

思想41
归属：像企业拥有者一样去思考

> 企业家只有两只眼睛不行，必须要有第三只眼睛。要用一只眼睛盯住内部管理，最大限度地调动员工积极性；另一只眼睛盯住市场变化，策划创新行为；第三只眼睛用来盯住国家宏观调控政策，以便抓住机遇，超前发展。
>
> ——张瑞敏

如果你还不是企业高层领导，如果你还没有属于自己的公司，如果你还不是任何公司的股东，那么请你从现在开始，把自己当成你工作的企业或一个虚拟企业的股东、拥有者，你们公司的愿景、战略、产品、服务，特别是收入、利润都从此和你息息相关，你的使命就是为企业、为社会创造更多的价值。

这样，你有了自己的公司，你就是这家公司的拥有者，那你就会用不一样的思考角度、做事方式和态度习惯去工作，你会关注生产效率、资产负债和成本费用，你会想尽办法去提高效率、创造效益，因为如果没有持

续的运营、销售，你的公司就会入不敷出。

通过持续的思维训练，久而久之，你的企业家思维就建立起来了。这将是一笔让你受益匪浅的财富。

> **先从一件事开始实践该思想**：站在拥有者的角度，思考一家企业应该如何设置它的商业模式、发展模式和盈利模式。
>
> 同时，你能想到哪些运用该思想的经典案例？ _____
>
> 你会将该思想运用到什么地方？ _____

▌第42天▐

思想42
未雨绸缪：早做准备

谋无主则困，事无备则废。

——庄子

2019年，美国对华为等中国科技企业进行制裁。在全球哗然的同时，华为自主研发"鸿蒙系统"的消息也响彻大江南北。据华为内部员工透漏，其实早在3年前，华为就已经开始测试鸿蒙系统了。这不得不让人叹服华为未雨绸缪的精神。其实这样的事情，在华为早已是司空见惯了。此前华为终端手机产品线总裁何刚也表示，华为内部技术要比当下更加领先，现在刚迈入5G时代，但华为已经在研发6G技术了。

未雨绸缪，即"提前做功课"。你提前做了功课，就掌握了主动权；

掌握了主动权，就掌握了商机。

先从一件事开始实践该思想：为你下个月要完成的一件事情做充足的准备。

同时，你能想到哪些运用该思想的经典案例？_____

你会将该思想运用到什么地方？_____

❚ 第43天 ❚

思想43
旁观者：从另一个角度看问题

> 换个角度看问题，生命会展现出另一种美。生活中不是缺少美，而是缺少发现。
>
> ——罗丹

管理学大师彼得·德鲁克写过一本自传，名叫《旁观者》。这位睿智的老人在序言里写道："但站在舞台侧面观看的旁观者，有如在剧院中坐镇的消防队员，能见人所不能见者，注意到演员或观众看不到的地方。毕竟，他是从不同的角度来看，并反复思考——他的思索，不是像镜子般的反射，而是一种三棱镜似的折射。"这种"折射"，往往能带来不一样的观察和结果。

大企业往往会雇用外部顾问来为企业"把脉"，并开出改进的"药方"，就是因为我们通常"身在庐山中"而不知企业"真面目"。个人也是如此，有时需要抽离出来以一种旁观者的视角看自身，才能发现问题、改正错误。

张国荣唱的《沉默是金》里有一句歌词，叫"不再自困"。抽身出来做旁观者，就是不再自困。不再自困，适时做一名旁观者，才能更好地发现自身的问题、发挥自身的优势。

先从一件事开始实践该思想：利用休假，从旁观者的角度审视自己的工作和生活。

同时，你能想到哪些运用该思想的经典案例？＿＿＿＿＿＿＿＿＿

你会将该思想运用到什么地方？＿＿＿＿＿＿＿＿＿

▋第44天▋

思想44
长期投资：关注长期受益

如果我们有坚定的长期投资期望，那么短期的价格波动对我们来说就毫无意义，除非它们能够让我们有机会以更便宜的价格增加股份。

——巴菲特

亚马逊创始人杰夫·贝佐斯曾经问"股神"巴菲特："你的投资体系这么简单，为什么你是全世界第二富有的人，别人不做和你一样的事情？"巴菲特回答："因为没人愿意慢慢地变富。""慢慢地变富"，靠的就是长期投资。巴菲特还说，若你不打算持有某只股票达10年，则10分钟也不要持有。

长期投资就意味着要早投资、理性投资和逆向投资。所以，要想在股市上获利，正确地做长期投资是正确的选择。

先从一件事开始实践该思想：买一只你愿意持有10年的股票，记录它每年的收益率。

同时，你能想到哪些运用该思想的经典案例？ _____

你会将该思想运用到什么地方？ _____

┃ 第45天 ┃

思想45
接纳：凡事不要立即亮红灯

经由欣然、欢迎地接纳自己的痛苦，竟然会感受到极大的祝福，同样的能量——恨转变为爱、痛苦转变成乐趣、凄惨转变成喜乐。

——奥修

张德芬在其著作《遇见未知的自己：都市身心灵修行课》中写道："让我们心理上受苦的，不是事情本身，而是我们对事情的想法和围绕着这个世界所编造的故事。臣服的好处就是，当你接纳了当下，不徒然浪费力气去抗争的时候，事情往往会有意想不到的转机出现，你才发现原来的挣扎真的是白费力气。"

乐嘉在《跟乐嘉学性格色彩》一书中说道："还有一些人，全身心投入过程，他们当然也期待好的结果，但万一没有结果，只要过程愉快，他们也乐意接纳生命中的奇妙体验。"

凡事不要立即亮红灯，用绿灯的接纳思维来代替处处红灯的抗拒意识。在我们面对人生的各种可能性时，尤其要以"绿灯思维"去对待。

先从一件事开始实践该思想：试着跟一个陌生人聊天。

同时，你能想到哪些运用该思想的经典案例？ _____

你会将该思想运用到什么地方？ _____

▌第46天▐

思想46
伯乐：爱惜人才

珍视劳动，珍视人才，人才难得呀！

——邓小平

马化腾爱才、惜才已成为广为人知的佳话。在微信还没有创建之前，马化腾就非常看好张小龙这个技术天才。张小龙是一个不守规矩的人，尤其是上班总迟到。但马化腾看到了张小龙身上的才华和能力，他很体谅张小龙要多睡觉、多思考，为了能让张小龙多睡会觉，马化腾竟然派专车每天接送张小龙上下班。后来，张小龙果然没有辜负马化腾的厚爱，研发出全国用户量第一的通信软件——微信。再后来，因为腾讯总部设在深圳，但张小龙更喜欢留在广州，马化腾就干脆把微信总部设在广州。马化腾的爱才可见一斑。

可以说，真正的企业家都是"人才痴"，甚至患有"人才相思病"，他们像古代贤君一样求贤若渴，发自内心地爱才、惜才，他们对人才有特殊的感情、有深刻的认识，恨不得将天下英才都招至旗下。

爱惜人才，培养人才，追寻人才，人才就会主动跟着你。有了人才，做事自然成。

> **先从一件事开始实践该思想：**邀请你觉得最有潜质的年轻员工座谈，告诉他你很欣赏、很看好他；告诉他如果工作上有什么困难可以来找你。
> **同时，你能想到哪些运用该思想的经典案例？**_____
> **你会将该思想运用到什么地方？**_____

▌第47天▌

思想47
双赢：合作共赢

企业做好全球化，需要考虑好以下问题："让每一次合作实现互利共赢。只外派具有洞察力的人才；认真做好风险管理；不要单纯地把海外业务视为海外业务，要认识到它们是扩张和创新的前哨。"

——杰克·韦尔奇

　　现代经济社会，一个人就算再有才干，如果单打独斗，也难以创建成功的企业。比如马云，他再有才华和抱负，但如果在创业时没有"十八罗汉"的支持和帮助，比如抛下年薪70万美元工作的蔡崇信，很难说马云会有今天的成就。

　　团队合作和双赢是现今社会的主题曲。如果你关注整体的利益，那么你个人的利益也将得到体现。

> 　　**先从一件事开始实践该思想：** 和你的朋友一起做笔生意，约定4∶6分成，让你的朋友多拿两成。
>
> 　　同时，你能想到哪些运用该思想的经典案例？＿＿＿＿＿＿＿＿＿
>
> 　　你会将该思想运用到什么地方？＿＿＿＿＿＿＿＿＿＿＿＿

▍第48天▍

思想48
赏识：欣赏他人

君子莫大乎与人为善。

——《孟子·公孙丑上》

　　如果别人，尤其是亲近的人，获得了升迁，买了新房，赚了大钱，你一定要由衷地开心，并真诚地第一时间去祝贺。

　　欣赏他人，才有学习进步的可能。但是我们在亲近的人成功后，难免会有失落感甚至嫉妒心，这是人性。我们就是要逐步改变这种人性，要逐步转变这种狭隘的心理。否则，一旦你因为亲近的人成功了而不开心，就会陷入嫉妒的情绪中，一旦嫉妒就会丧失理智，丧失理智就难以推动自己获得成功。不要害怕别人成功，不要嫉妒别人比你更有钱，一定要欣赏别人的成功，模仿别人成功的做法，久而久之，你也会成功。

记住，"成人之美就是成己之美"。

先从一件事开始实践该思想：在你的上司面前真诚地赞扬你的竞争对手。

同时，你能想到哪些运用该思想的经典案例？_____

你会将该思想运用到什么地方？_____

┃ 第49天 ┃

思想49
执着：不达目的不罢休

执着追求并从中得到最大快乐的人，才是成功者。

——梭罗

史蒂夫·乔布斯的成功有目共睹。因为他对产品质量有着近乎偏执的追求，即使是一颗螺丝钉、一张幻灯片，他都会反复检验、测试很久，直到自己认为达到完美为止。他的每一项产品，都在他极度执着的推动下，不断地震惊全世界。正是因为史蒂夫·乔布斯的执着，才有机会让濒临破产的苹果公司起死回生、重塑辉煌。

当前，世界上有70多亿人口，你靠什么才能脱颖而出？唯有靠执着。人说成功者，都是偏执狂。由许巍作曲、田震演唱的歌曲《执着》里有一句歌词说得好："无法停止我内心的狂热，对未来的执着。"拥有不达目的不罢休的执着，你就有了成功的资本。

先从一件事开始实践该思想：阅读沃尔特·艾萨克森撰写的《史蒂夫·乔布斯传》。

同时，你能想到哪些运用该思想的经典案例？_____

你会将该思想运用到什么地方？_____

▎第50天▎

思想50
后路：留得青山在，不怕没柴烧

留得青山在，不怕没柴烧。

——凌濛初《初刻拍案惊奇》

不要轻易做不过江东的项羽。回到楚汉争霸时，如果项羽能够回到江东，在老家东山再起，鹿死谁手还未定。历史不能重来，但"太阳底下无新事"，我们在任何时候，不管多风光、多有钱，都要给自己留条后路。

关于"留后路"，日本管理大师大前研一在自传《我的人生哲学》中有一段很有趣的描绘："我是一个相当全面的人，早在年轻的时候就掌握了好几门手艺，而且技术水平已经达到了能够赖以谋生的地步。首先是臂力过人，高中时代，本人曾经在单杠上反复练习引体向上，较量腕力，未逢敌手，所以在工地现场也可以找份体力活来维持生计，还留有退路可走。"给自己多一个选择，也就多一条路走。

行不可至极处，言不可称绝对，则不逢绝地，有路续行。

先从一件事开始实践该思想：给自己存一笔足够1年花销的钱。

同时，你能想到哪些运用该思想的经典案例？_____

你会将该思想运用到什么地方？_____

◎ **本章作业**

1. 本章50种思想中，你已经验证和践行了哪些思想？

2. 其中哪几种思想对你的触动或帮助最大？

3. 你还希望自己在哪些思想上付诸行动，取得更大的进步？

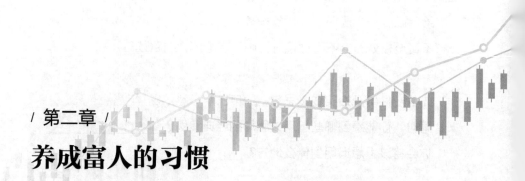

/ 第二章 /

养成富人的习惯

"思想决定行动，行动决定习惯，习惯决定人生。"

习惯能起到积极或消极的作用。坏的习惯引你走向失败的边缘，好的习惯带你进入成功的轨道。

梁实秋说过，习惯养成之后，便毫无勉强，临事心平气和，顺理成章；充满良好习惯的生活，才是合于"自然"的生活。

是的，只要你拥有了富人的诸多好习惯，"富运"自然来。

▌第51天▌

习惯01
思考和阅读同比例进行

阅读的重要性不言而喻。培根说："书籍是在时代的波涛中航行的思想之船，它小心翼翼地把珍贵的货物运送给一代又一代。"

查理·芒格曾经评价巴菲特说："我这辈子遇到的来自各行各业的聪明人，没有一个不每天阅读的——没有，一个都没有。而沃伦读书之多，可能会让你感到吃惊，他是一本长了两条腿的书。"

在阅读的同时，思考必须得跟上来。美国《成功》杂志创始人奥里森·马登说过："知识只有被大脑消化吸收，成为你自己思想的一部分后，知识才能成为力量。如果你希望获得知识上的力量，除了看书要全神贯注外，还要形成这种习惯：经常合上书，坐着想一想，或是站起来走走，想一想——一定要思考，要沉思，要默想，要在脑海中反复思量你读到的东西。"

所以，孔子说："学而不思则罔，思而不学则殆。"二者缺一不可，不可偏废。

> **习惯养成小秘籍**：凡读书，均可看两遍以上，第一遍快读、概览，第二遍做笔记。

▌第52天▐

习惯02
写作

写作，是与自己对话、与书籍对话、与财富对话、与天地万物对话最好的方式。

让我们从写50个字、100个字开始，每天坚持写，一个月后，你就会有意外的惊喜：你发现，你的思想已经比原来更加活跃；你会感觉到时不时有灵感来找你。

请开始你的写作之路吧。

> **习惯养成小秘籍**：写作，最好有一个固定的时间，比如早上刷牙后或睡觉前，固定时间写作容易形成写作惯性和思维敏锐期。

▌第53天▐

习惯03
刻意练习

首次提出"刻意练习"这个概念的，是佛罗里达州立大学的心理学教授安德斯·艾利克森。安德斯·艾利克森在科学领域深耕了几十年，他研究了各种行业或领域中的专家级人物，包括国际象棋大师、顶尖小提琴家、运动明星、记忆高手、拼字冠军、杰出医生等。他发现这些专家级人物在提高自身技能与能力时都遵循一个普遍原则，他称之为"刻意练习"。

任何领域的高手和专家，在早期一般都经历过一定时间的"刻意练习"，他们在成为专家之前肯定经过了专业的教导、训练、比赛。

曾在百度任副总裁的李靖（微信公众号名为"李叫兽"）对"刻意练习"做过精辟的论述。他强调"刻意练习"必须掌握5个方法，即避免自动完成、离开舒适区、牺牲短期利益、大量重复性训练、持续地获得反馈。希望大家有空时去认真阅读李靖的文章《为什么你有10年经验，但成不了专家？》，思考"刻意练习"的逻辑和方法。

"刻意练习"，是你成为专家的有效途径。

> **习惯养成小秘籍**：按照专业的方法和规则去学习训练，会收到更好的效果。

∎ 第54天 ∎

习惯04
训练记忆力

大多数成功的人士，都有非凡的记忆力。

试想，如果你所学到的知识、所累积的经验，随时会丢失，这是多么可怕的事情，那就什么事情也做不了。

时刻训练你的记忆力，这是一个非常重要的习惯。

> **习惯养成小秘籍**：看一本关于记忆训练的书，建立自己的数字代码库。比如1代表冠军、9代表酒等。

┃第55天┃

习惯05
培养想象力

如果你时时刻刻都试着去想象不一样的事物，你的想象力就会慢慢变得敏锐和辽阔。

致富能力，其实是一种包含想象力在内的综合能力。如果你有想象经济、想象市场、想象产品的能力，你就拥有了致富的能力。

习惯养成小秘籍： 画画是练习想象力的好办法。另外，闭上眼睛在脑海中构想一些具体的画面也能有效提升想象力。

┃第56天┃

习惯06
沙盘演练

一切涉及赚钱的实践，都要进行沙盘演练。

投资股市，开工厂，开小店，都要提前演练，要设想各种风险和障碍，并在演练中逐一解决。

演练越充分，实践就越有保障，赚钱就越顺畅。

习惯养成小秘籍： 在单位或家里可以放一个真正的小沙盘，或者准备一个篮球教练用的"战术板"，凡紧要事自己多琢磨演练。

▌第57天▌

习惯07
改掉坏习惯

如果有一个值得每个人去尝试的习惯，那就是：改掉坏习惯的习惯。这个习惯非常重要和必要。

一个坏习惯，往往坏掉十个好习惯；坏习惯，就好比稻田里的稗子，如果不及时拔掉，就会抢了稻苗的水分和养分。

当然，改掉坏习惯，最好的办法就是养成好的习惯来替换它。

习惯养成小秘籍：可以按照《我如何改掉坏习惯》这本书中的方法去梳理自己的坏习惯并一一改正。

▌第58天▌

习惯08
借力

万事不求人，赚不了大钱。事必躬亲，哪有那么多精力？何况一个人怎么可能什么都精通？

美国钢铁大王卡耐基预先给自己写了这样的墓志铭："长眠于此地的人懂得在他的事业过程中起用比他自己更优秀的人。"

更何况，俗话说："三个臭皮匠，顶个诸葛亮。"当你对一件事束手

无策时，何不向身边的人寻求帮助呢。

> **习惯养成小秘籍**：尝试建立自己的"智囊团"，把自己认识的在某个领域有专长的朋友或同事的名字写下来，并注明其专业领域，在遇到困难的时候大胆地去寻求帮助。

▌第59天▐

习惯09
三人行，必有我师

"三人行，必有我师"这句话，人人都会背，却并不是人人都知道其真正含义。三人之中，一个是自己，另外两个人按朱熹的解说为"一善一恶"。即要跟善的学习好的，从恶的反省自我。所以孔子接着说"择其善者而从之，其不善者而改之"。

唯有这样，才是真正的"三人行，必有我师"，唯有这样才能让自己的身心不断地成长。

> **习惯养成小秘籍**：在我们的内心，要有两面镜子：一面为"从善"镜，就是看到好的要学习模仿；一面为"自警"镜，看到不好的要提醒自己不能犯同样的错误。

▌第60天▌

习惯10
好好说话

所谓的"刀子嘴豆腐心"都是骗人骗己的，刀子都是会伤人的。正所谓"良言一句三冬暖，恶语伤人六月寒"。很多人都觉得自己是为了别人好，才说难听的话。事实上，说难听的话，主要是因为自己的心胸不够开阔、说话技巧运用得不够娴熟。刀子嘴的人不知道，只要他开口扔出"飞刀"，就已经输了印象、输了礼貌、输了生意、输了友情和亲情。

不好好说话，会失去很多机会；好好说话，会得到很多机会。大家任何时候都要记住："怎么说"和"说什么"一样重要！

习惯养成小秘籍： 凡要开口批评人、骂人，都等5秒后再说。

▌第61天▌

习惯11
做比说多，做在说先

语言是一种力量，但是更多的时候行动比语言更加有力量。说出去的话，未必成就你；做出来的事，都会充实你。"一步切实的行动胜过一打纲领"。

做比说的多，你会成为更加实干的人；做在说之前，你将成为更加值

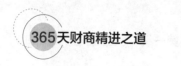

得信赖的人。

> **习惯养成小秘籍**：无论是先说后做还是先做后说，最好都是说八分、做十分。

▮ 第62天 ▮

习惯12
重视沟通，尤其是谈判

沟通能力好的人，通常赚钱的能力也不差。如果你口头表达不在行，书面写作又不擅长，那你的价值就大打折扣。你还有可能陷入被才干不如你的人所领导的尴尬局面。

同时，谈判技巧在现代经济社会中必不可少。做生意、与人合作，都要涉及谈判。谈判的结果直接影响你获利的多少。

> **习惯养成小秘籍**：可以去找一本经典的辩论方面的书，悉心琢磨其中的语言魅力和技巧，提升谈判能力。

▌第63天▌

习惯13
服务他人

我有一位朋友,在吃饭的时候,但凡他旁边坐了人,他就一定会给那个人端上一碗汤。一开始,大家以为他是在刻意讨好某人。久而久之,大家才发现,他对谁都这样,他是自然而然的,是有服务他人的意识的。这种人是做销售的天才,创富的天才。

即便没有好处,没有回报,也要服务。因为服务本身,就是利润的来源。

> **习惯养成小秘籍**:无论你身居要职还是腰缠万贯,"服务员"的意识一定要有。可以从服务你的长辈尤其是父母开始,为他们泡茶、盛饭。

▌第64天▌

习惯14
平时多主动联络亲友

不要在你需要别人的时候才去找别人。这种"临时抱佛脚"的做法效果不佳,而且给人印象不好,会让人产生"有事才来找我"的想法,就算他帮了你,也不是心甘情愿的。

平时，我们应该主动给朋友打电话，主动约朋友吃饭、喝茶、旅行，常来常往，感情自然就深厚。

> **习惯养成小秘籍：** 约朋友一起做有意义的事情会更加难忘，比如一起植树、一起做义工、一起动手做木工等。

┃ 第65天 ┃

习惯15
创造惊喜

你给家人一个惊喜，能带来温情；你给朋友一个惊喜，能增进友情；你给同事一个惊喜，能融洽关系；你给孩子一个惊喜，能激发活力；你给客户一个惊喜，能带来财运。

惊喜需要有心、用心。有时一个短信、一个电话、一束花、一本书，就足以创造一个惊喜。

创造惊喜，你就可以创造财富。

> **习惯养成小秘籍：** 在一位重要客户生日的时候，送一份礼物给他。

▌第66天▌

习惯16
牢记别人的名字

这看似是一个小细节，其实是一个很实用的大招。对每一个人来说，他对自己的名字是最敏感的。

你要想别人对你有印象、有好感，就要第一时间牢牢地记住他的名字，并在任何时候、任何地点，都能准确地叫出他的名字。

那你在尊重别人的同时，也赢得了对方的尊重。

> **习惯养成小秘籍**：认识新朋友时，一定要及时记住这个人的名字。

▌第67天▌

习惯17
尊重他人

不管何时何地，都要发自内心地尊重他人，因为每个人都是独一无二的，人人平等，没有职务高低、钱财多少之分。尊重他人，才能得到他人的尊重。目中无人、妄论他人，就会失去朋友、失去客户、失去生意、失去钱财。

习惯养成小秘籍：尊重他人不是一句空话，尊重体现在每一个眼神、每一句话和每一个承诺里。比如有朋友打电话给你，虽然他看不到你的表情，但如果你有厌倦或不耐烦的情绪，他其实都能感觉得到。

第68天

习惯18
理性支出

所谓"理性支出"，就是你知道自己真正需要的是什么，并把钱用在刀刃上。

关于这个习惯，有两条建议：第一，支出要有预算，没有计划的支出，不要轻易去消费；第二，在消费之前，至少问自己三次："这件物品我确实非买不可吗？"如果答案是否定的，就算有预算也要转身就走。

这样，你才有可能有更多的钱用来投资，或用在更加需要的地方。

习惯养成小秘籍：最好按季度定下基本预算，每月做适当微调。如果这个月支出了额外的费用，下个月原则上就要减少一项相应数额的支出。

Ⅰ第69天Ⅰ

习惯19
储蓄

我们在创业创富初期，如果不储蓄，就没有源头活水。

所以我们一定要逼自己养成储蓄的习惯。从现在开始，收入的每一笔钱（包括奖金、零花钱等）都要先存一定比例，比如30%或50%，但不要少于30%。积少成多，慢慢就有了投资理财的基础。

> **习惯养成小秘籍**：刚开始储蓄时，可以开一张专用的银行卡，原则上储蓄的资金只能用于投资，而不能用于消费。

Ⅰ第70天Ⅰ

习惯20
从小钱赚起

会赚小钱，才能赚大钱。赚钱不在于金额多少，关键是有办法赚到钱。

即便你从小项目、小产品着手，只要慢慢摸索自己的赚钱门路，就会积少成多，就会让小生意具有广阔的发展空间。

> **习惯养成小秘籍：** 随时随地留意能够进账的项目，一旦有机会赚钱就付诸行动，不要等待、不要怕麻烦、不要嫌弃小钱。

▎第71天▎

习惯21
研究股票

股票高风险、高收益，交易灵活、套现方便，是赚钱最好的长线工具之一。要致富，投资股票市场必不可缺。

投资股市，不能盲目冲动，要先研究股市的规律和各只股票的特性。同时，要想成为合格的投资者，全球各大股市指数是必看的数据。

关于这方面，有很多专业的书籍供诸君参考，后面会有详细介绍。

> **习惯养成小秘籍：** 选择三只你感兴趣的股票，每天记录其开盘价和收盘价（坚持自己画K线图），坚持一个月，等对这三只股票有了深入的了解及研究后，再每个月增加一只股票。累积下来，你就会对股票、股市有一定的了解。

┃第72天┃

习惯22
对数字敏感

有钱人往往会说:"钱对我们来说只是一个数字。"他们想说明的是,他们不关注钱本身。不过,对于还没成为有钱人的人来说,不但要关注金钱本身,更要关注数字本身。

数字,是经济社会中最直观的符号;数字的逻辑,是可信的逻辑体系。金钱的密码,就藏在报表的数字里,藏在企业的经营数据里,藏在各行各业的数据里。

赶紧去关注数字吧!

> **习惯养成小秘籍:** 建议建立一本属于自己的"数字库",即把平时留意到的数字逐一填写记录。比如:7434,代表2018年底广州总面积(平方千米)。

┃第73天┃

习惯23
关注个人资产负债表

企业的资产负债表是非常重要的财务报表。个人参照其制作自己的资产负债表也是非常重要的。请马上按照企业资产负债表的恒等式——"资产=股东权益+负债",去制作属于你自己的资产负债表。

习惯养成小秘籍：试着按照会计准则和企业资产负债表的形式，以月为周期制作自己的资产负债表。

┃第74天┃

习惯24
搜集和分析财务资讯

关于投资理财，不要道听途说，道听途说的都是"半截子"的信息；也不要一味信奉专家，就算专家是正确的，那大家都正确，最终也赚不了什么钱。

要创富，就要自己去搜集、研究资讯。

习惯养成小秘籍：用剪报或电子文件归档的方式整理财务资讯是一种行之有效的提高财商的方法。

▌第75天▐

习惯25
关注大宗商品的价格

大宗商品在金融投资领域，是指作为工业基础原材料的商品，总体上包括20种农副产品、10种金属产品和5种化工产品。大宗商品的价格就是工业基础市场的晴雨表。了解了大宗商品的价格，就掌握了工业市场、金融市场的大趋势。

> **习惯养成小秘籍：**针对大宗商品种类较稳定的特点，我们也可以建立大宗商品价格表，选择几种自己感兴趣的大宗商品，每周甚至每天记录其价格，感受大宗商品对经济的影响。

▌第76天▐

习惯26
比较价差

贸易的利润，就蕴含在商品的价差中。

尝试比较两个城市同等商品的价差、两个供应商同类产品的价差、不同品牌同类商品的价差，你可以发现很多商业的秘密。

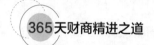

> **习惯养成小秘籍：**每到一个城市，可以尝试了解这个城市的房价，以及猪肉和青菜等较常见商品的价格，然后和自己所居住城市的价格进行横向对比，久而久之我们对价差就会有一定的体会。

▌第77天 ▌

习惯27
关注银行利息

银行利息，其实就是钱的价格。你要赚钱，怎能不关注钱的价格？

金融大亨索罗斯在31年的时间里通过复利赚了5000倍的盈利，巴菲特用40年时间赚了4000倍的盈利。利息的力量，是水滴石穿的力量。所以，我们不仅要关注银行利息，还要利用好银行利息。

> **习惯养成小秘籍：**留意人民银行的基准利率，以及四大国有银行的存贷款利率。

▌第78天 ▌

习惯28
关注细分领域

大家都在关注整个行业，你就要去关注更加细分的领域。有时，没人关注的"边角料"才是商机所在。填补空白和拾遗补阙，能为你的财富之路独辟蹊径。

我们在财富积累的初始阶段，很有可能缺资金、缺经验、缺关系、缺人才，所以，就更要去关注不被人关注的冷门生意，以求在饱和的行业市场中取得生存之机，找到立足之地。

习惯养成小秘籍：从关注一个细分领域的龙头上市公司开始入手，研究这个细分领域的详细情况。

第79天

习惯29
记账

学习投资理财，不妨从记账开始。

记账方式越简单越好，简单才容易坚持。比如就记收入和支出两项。每天坚持记录，坚持一年。

记账除了要坚持，还有很重要的一点就是要分析，每月或每季度进行分析，看看在开源节流方面有哪些可以改进的地方。

习惯养成小秘籍：根据个人的喜好，选择电子记账软件或手写记账笔记，坚持一个月，就会有收获。

┃ 第80天 ┃

习惯30
阅读财经报刊

你要成为富人，就要向富人靠拢，向财富靠拢。最有效、最简捷的方式就是多看财经类的报纸杂志，纸质版和网络版都可以。经济怎么运行，金融怎么操作，财税怎么调整，富人怎么投资理财，甚至富人喜欢做什么、吃什么、玩什么，都可以从财经报刊中获知。

同时，观看新闻联播和本地新闻，也能够让你从现行的政策中寻觅商机，从而培养你理解大趋势、把握机遇的能力，这是培育财商的有效途径。香港投资大师曹仁超说过一段很有道理的话："在香港拥有10亿港元以上财富的，都是对时势把握得很准确、在投资上攻守有据，以及能控制自己不感情用事的人。"

> **习惯养成小秘籍：**阅读财经报刊一定要学会积累有用的数据和信息，并对这些积累的素材进行分类分析，剪报就是一个很好的积累素材的方法。

┃ 第81天 ┃

习惯31
做副业

副业是改革开放之初的词语，但用在现在也不过时。如果有一项副业，你就比别人多了一份收入。不管这份收入多或少、辛苦或悠闲，你最好要有一项副业。

> **习惯养成小秘籍：** 如有空闲时间可以考虑去做兼职，在做兼职的过程中或许可以发现一些商机。

▌第82天▐

习惯32
不仇富，不嫉富

在没钱的时候，千万不要仇富、嫉富。一旦仇富，你就失去了致富的心态和机会。当然，除了不仇富，更不要炫富。炫富，迟早会漏掉财富。

> **习惯养成小秘籍：** 一旦有机会我们就要跟富人做朋友，这样不但不会变得狭隘、仇富，还可以学到很多关于致富的知识和技巧。

▌第83天▐

习惯33
喜欢跟银行打交道

银行是钱最聚集的地方。一定要多跑银行，多跟银行打交道。

要熟知各种银行理财方式，包括储蓄、基金、债券、外汇、黄金等。

> **习惯养成小秘籍：**你至少要认识两个以上在银行工作的朋友，并定期跟他们交流，以便更加贴近金融市场。

▌第84天▐

习惯34
守时

守时，是你人生中最好的名片。

凡赴约提前15分钟到，你会更加从容、淡定，随后的事情也会变得更加轻松有趣。

巴菲特谈起他的最佳搭档芒格，总会提到他的守时。巴菲特与芒格约好谈事情，巴菲特提前10分钟到，看到芒格已经在边看书边等他；后来巴菲特提前20分钟到，芒格仍然比他早到；再后来巴菲特提前30分钟到，芒格还是比他早到。越成功的人，越知道守时的重要性。

> **习惯养成小秘籍：**把每次赴约都当成是一次读书会，即赴约时带一本书，提前20分钟到，边看书边等朋友到来。

▎第85天▎

习惯35
挚爱某一件事

做自己喜欢的事情，就会全力以赴。

如果你能找到自己喜欢又能赚钱的事，何乐而不为？

> **习惯养成小秘籍：**有人说人的一生一定要有一个"骨灰级"的兴趣爱好。你可以根据自己的兴趣，加入一个俱乐部或兴趣小组，这样就可以找到一帮志同道合的朋友，更容易交流和提升自我。

▎第86天▎

习惯36
列出"积极清单"

我们要学着定期列"积极清单"，尤其是在悲观、受到打击的时候，一定要列出自己所拥有的或即将拥有的或想去拥有的美好的东西，比如：学生时期的相册，少年时春游、秋游的记忆，爸妈做的美味佳肴，曾经获得的荣誉，等等。

接下来，我们要做的就是想办法去做更多的有积极意义的事情。这些积极的元素，会伴随你、推动你成长。

> **习惯养成小秘籍：** 准备一本专门的笔记本，用来记录"积极清单"，但凡有开心和成功的事情，都先记录下来。

┃ 第87天 ┃

习惯37
上司不在时更加努力工作

有些人，领导在与不在，是不同的表现。领导不在时就少干一些，轻松一些；领导在时就多干一些。这种人看似很聪明，殊不知，他们的这种表现其实是对自己的不负责任。

这些看似聪明的人，其实没有真正意识到工作的本质，他们以为工作就是对老板负责。其实，工作更是对自己负责。自己在工作中做多一些、学多一些，得益的是自己，提升的是自己。如果说，领导不在就敷衍了事，那吃亏的到头来还是自己。

领导不在，上司不在，我们要更加努力。

> **习惯养成小秘籍：** 如果领导和上司不在，就把自己当成是项目或工作的负责人，这样责任感和进取心就会增强。

▌第88天▌

习惯38
"45分钟"工作法

我们上学时一般一堂课是45分钟，因为人的注意力集中的时间一旦超过45分钟，就开始分散了。

所以，我们工作、做事情可以以45分钟为一个时间区间，用完整连贯的时间去完成一项重要的工作。这样效率会高很多，效果也会更好。

> **习惯养成小秘籍：** 在开始一项任务之前，在手机闹钟上设置"45分钟"，然后全身心投入去做，直到闹钟响起，休息10～15分钟后再次开始工作，如此循环直到任务完成。

▌第89天▌

习惯39
多想好主意

麦肯锡咨询公司是著名的出好主意的企业，他们出好主意收费不低，但是这些好主意通常能给企业带来更多的价值和利润。

如果你有好主意，赶紧告诉你的领导，当然，他能给你额外的奖金就最好了！

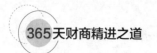
> 习惯养成小秘籍：当你遇到困难或问题时，一定要坚信两点：一是办法肯定比问题多，二是一定会有更好的办法。

┃第90天┃

习惯40
购买耐用、质量好的商品

不要买便宜的替代品，特别是经常使用的商品，一定要买耐用、质量好的，这样才是更省钱的方法。还有一点就是要注意延长商品的使用寿命，如汽车等，一定要注意维修和保养。

> 习惯养成小秘籍：试着比较质量好和质量一般的同类型的两种生活用品，检验一下是否贵一点但质量好的生活用品使用起来更加舒适，而且更加耐用。

┃第91天┃

习惯41
用心观察

用心观察与走马观花有天壤之别。

美国西点军校有一条信念："洞察所有的士兵和将帅。"要致富，非用心观察不可，要观察到别人未能察觉的地方。因为世界上并不缺乏商机，而是缺乏洞察商机的眼光。只要你拥有一双善于发现商机、发现财富的眼睛，财富大门就会为你打开。

> **习惯养成小秘籍**：想要善于观察，首先要勤于观察，保持一颗警觉之心、好奇之心，经常观察身边的事物。如果可以，定下目标和计划，随时记录。

▌第92天▐

习惯42
关注细节

老子曰："天下难事，必作于易；天下大事，必作于细。"把每一件小事当成大事、要事来做，你就拥有了成功的密钥。

一些业界的专家、高手，之所以有别于业余选手，就在于他们更加关注细节，并在细节处做得更好。

一个微小的地方，有可能蕴藏着商业机会。所以，关注细微之处，是创富的开始。

> **习惯养成小秘籍**：尝试玩侦探或解谜游戏，培养观察细节的习惯。

▎第93天▎

习惯43
凡事有主见

为什么凡事要有主见？因为，财富不会喜欢唯唯诺诺、朝三暮四的主人。

凡事不能随波逐流，要有自己的主见。主见就是财富。

> **习惯养成小秘籍：**有主见不是盲目自信，经过省察的主见才是有价值的主见。所以在坚持主见之前，一定要对事情做深入的调查研究。

▎第94天▎

习惯44
自我激励

人的一生，难免起起伏伏。正如陈慧娴唱的《归来吧》里的一句歌词"成功挫败难管它"。我们可以做的，是及时调整自己的心态。

挫败时，如果能自己激励自己，你就学会了自我调节，挫折对你而言就变成了一种催化剂。

顺利时，也不要忘了奖励一下自己。可以给自己买本书，可以和亲友去吃顿饭，可以带爸妈去旅游。不要辜负自己、辜负生活。钱是用来改善生活的。

习惯养成小秘籍：当你遇到挫折时，就把自己想象成一个战役的指战员，不自我激励、不进行战斗就要被敌人攻占阵地了！

▌第95天▌

习惯45
多赞扬，少批评

有的领导经常会说："至于你们做得好的地方，我就不说了，'好的跑不了'。我就主要讲讲你们做得不够好的地方。"

这些领导以为他看问题一针见血、直奔主题，效果肯定更好。殊不知，不表扬做得好的地方、只批评做得不够好的地方，下属得不到正向激励，只有负面压力，只会做得越来越差。尤其是中下层管理人员，他们对接受激励和批评的弹性都很大，即你给予的是激励，对他们的鼓励就很大；你给予的是批评，那对他们的影响也很大。

养成多赞扬、少批评的习惯非常重要。

习惯养成小秘籍：按照心理学家的研究，表扬奖励与批评惩罚的比例最好是3∶1。这样才能让员工不断地进步。

ǀ 第96天 ǀ

习惯46
认真

　　"认真天下无难事"。认真，就是此时此刻集中精力去做一件事，无论是去工作，还是去学习、去玩耍、去运动。哪怕只有1%的成功率，也要付出100%的努力！

　　还有一点要注意的是，本职工作没认真做完，就不要分心去想其他赚钱的事。认真把手头的工作做好了，你才有资格去谈副业。

> **习惯养成小秘籍**：还记得我们学生时代做作业、考试，老师强调一定要检查吗？检查就是认真做事的一个非常重要的环节。

ǀ 第97天 ǀ

习惯47
先从自己身上找原因

　　自省的力量不可忽视。如果凡事从别人身上找原因，那你永远都不会有进步；如果凡事从自身找原因，你就会变得越来越强大。

> **习惯养成小秘籍**：参照曾子每日"三省"的方法，建立自己的"自省清单"。

Ⅰ 第98天 Ⅰ

习惯48
广交朋友

"朋友多了路好走"。现代社会，人际关系就是最宝贵的无形资产。广交朋友，财路自然广。

朋友可以提醒自己，帮助自己，提升自己。良好的人际关系，是通往致富之路的桥梁。

为人要热情、大方，朋友的事情要放在心上并体现在行动上，才能以心交心。交朋友不要分贫穷富贵，各行各业、五湖四海的人都可以是朋友。交朋友不仅可以互相帮助，而且可以分享快乐。

> **习惯养成小秘籍：**平时要主动打电话给朋友，真挚关心对方，有空的时候约出来一起喝喝茶、聊聊天。

Ⅰ 第99天 Ⅰ

习惯49
聆听长者的教诲

长者，是这个社会的财富。俗话说："家有一老，如有一宝。"长者有经验、有教训、有智慧、有阅历，每一位老人，都是一座人生的富矿。

想要成功、想要致富的年轻人，一定要多跟长者聊天，长者的学识、经历、智慧对我们处理工作和生活中遇到的问题都大有帮助。

习惯养成小秘籍：与长者聊天，要注意学习他的经验、处理困难时的策略与他所处环境的关系，学习在什么情况下应该采取什么策略。

第100天

习惯50
多做一点

1986年，诺贝尔化学奖的获得者李远哲曾说："我的经验是，每做一件事都要比别人多做5％，这样连续做100件事后，就会远远超过别人。"

多做一点，是态度，也是结果。

一个人成功与否，往往就在于你是否多努力、多做了那么一点。这"一点"，其实就是经济学所说的"边际"，就是成败的分水岭。

习惯养成小秘籍：当完成了一项工作后，你要变身为"质检员"，对这项工作进行检查、完善，久而久之，就会养成多做一点的习惯了。

◎**本章作业**

1. 你在实践这些习惯的过程中有什么困难？把困难先写下来。

2. 思考一下，要怎么做才能克服这些困难。

3. 你是否决定坚持这些习惯21天（21天是养成一个习惯的最少时间），直到把这些习惯完全变成自己的？如果答案是肯定的，你准备用什么方法来保证自己一直坚持下去？

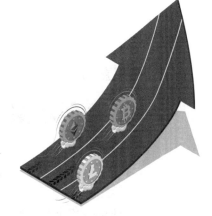

第二编

拜师学艺

　　第三章讲的是向优秀企业家学习。这章设置了"致富能力""学习系数""第一桶金"和"创富锦囊"等特色版块。其中"致富能力"和"学习系数"是给读者提供一个参考值，"致富能力"星级越高代表该案例可供挖掘的价值越大，"学习系数"数值越大则代表借鉴意义越大。另外，在"创富锦囊"里，书中更加侧重描写企业家前期创业的思路和方法，这是为了方便大家学习、思考和借鉴这些企业家创业创富的经验。本章最后设有四道小问题，请读者一并思考行之。

　　第四章讲的是向名人学习。希望大家在"思考起草这位名人的传记大纲"方面认真思索、大胆行动，既采用"拿来主义"的方法深入借鉴学习，又要有"批评思维"，勇于剖析历史名人的得失教训，争取多吸取名人在创富创新方面的成功做法，不断充实自己、成就自我。

/ 第三章 /

向优秀企业家学习

　　企业家是商业世界的灵魂人物。《小狗钱钱》一书提供过一份数据，显示德国的百万富翁中有74%是企业家。所以，我们要创造财富，就一定要向企业家学习。

　　陈春花在其《管理经典》系列书籍总序中说道："管理研究贡献价值需要三个条件：一是企业实践的优秀案例；二是对重大规律性问题的认识；三是人文关怀。"本章80名企业家的遴选力求遵循以上三个基本原则，如果本章的内容选择能够符合这三个原则之一二，我也算是完成了自我设定的任务了。

▍第101天▍

企业家01：任正非

> 任正非（1944—）：华为技术有限公司创始人兼总裁。
> 2005年、2019年两度被美国《时代》杂志评为全球百位最具
> 影响力人物之一，2018年入选"改革开放40年百名杰出民营
> 企业家"名单。

致富能力：★★★★★★★

学习系数：9.0

国籍：中国

第一桶金：任正非大学毕业后成了一名建筑兵。1983年，国家整建制撤销基建工程兵，任正非复员转业至深圳南海石油后勤服务基地。1987年，任正非集资2.1万元，租下了深圳宝安县蚝业村工业大厦三楼作为研制程控交换机的场所，带着50多名年轻员工开始创建和运营公司，这就是华为的雏形。

创富锦囊：任正非的意义，不仅仅是创造财富、创建和管理企业，他还传递了一种优秀的企业家精神，他本人和华为公司，是中国经济发展史上的一个奇迹。

任正非说：

（1）公司运转依靠两个轮子，一个轮子是商业模式，一个轮子是技术创新。

（2）为客户服务是华为存在的唯一理由，客户的需求是华为发展的原动力。

（3）只有企业的员工真正认为自己是企业的主人，分权才有了基础，没有这样的基础，权力分下去就会乱。让有个人成就欲望者成为英雄，让有社会责任者（指对组织目标有强烈的责任心和使命感的员工）成为领袖。

（4）干部一定要有天降大任于斯人的胸怀、气质，要受得了委屈，特别是做了好事，还受冤枉的委屈。

（5）惶恐才能生存，偏执才能成功。

（6）我认为年轻人，在生命力非常旺盛的时期，勇敢地走向国际市场，多经风雨，多见世面，将受益匪浅。

（7）华为唯一可以依存的是人，当然是指奋斗的、无私的、自律的、有技能的人，如何培养和造就这样的人，是十分艰难的事情。但我们要逐步摆脱对技术的依赖，对人才的依赖，对资金的依赖，使企业从必然王国走向自由王国，建立起比较合理的管理机制。

（8）什么叫成功？是像日本那些企业那样，经九死一生还能好好地活着，这才是真正的成功。华为没有成功，只是在成长。

（9）十年来我天天思考的都是失败，对成功视而不见，也没有什么荣誉感、自豪感，而是危机感，也许是这样才存活了十年。

▌第102天▐

企业家02：杨国强

杨国强（1955—）：碧桂园控股有限公司创始人、董事局主席，广东省总商会名誉会长，于2015年和2016年分别获得"中国消除贫困创新奖""全国脱贫攻坚奉献奖"。

致富能力：★★★★★★★

学习系数：9.9

国籍：中国

第一桶金：杨国强出身于贫困家庭。1978年，他进入顺德县第二建筑公司，做过施工员、泥瓦匠和建筑队队长，1986年升任为北滘建筑工程公司总经理。1992年，杨国强买下顺德碧江及桂山交界的大片荒地，兴建了4000套别墅和洋房，并命名为"碧桂园"，由此开启了碧桂园的商业传奇。

创富锦囊1："好学好奇，提升自我。"杨国强不是科班出身，但一直保持好学和好奇的态度，不断提升自己的能力。他曾经说过："我有个特点，对所有的事都好奇……如这个地板的颜色、材料、成本，能不能达到最佳的平衡。在这个思考的过程中可以积累知识，提升自己的判断力。"可以说，正是好学和好奇，推动杨国强不断提升自己、创造辉煌。

创富锦囊2："用心经营，做好品牌。"杨国强强调，自己一直在努力做事，用心把企业经营好。他逐渐总结出一套自己的地产开发原则——低成本拿地、规模化生产、快速销售。遵循这样的准则，碧桂园很快就走出了广东，走向了全国。同时，碧桂园非常重视客户的需求，包括在产品设计、绿化覆盖等方面都充分考虑业主的需要。

创富锦囊3："求才若渴，用好人才。"杨国强在任用人才方面有将帅之风。他曾经对人力资源部门的负责人说："你能不能帮我搞一个盒子，把一个人装进去，然后按钮一按，出来就知道这人行还是不行，是60分还是70分？"他在用人方面"用两条腿走路"：一方面是结果导向、大浪淘沙，淘汰机制面前新老员工一律平等；另一方面在薪酬激励方面毫不吝啬，2016年，碧桂园的项目总经理年收入过千万元，区域总裁年收入过亿元。

杨国强说：

（1）我是一个农民，书读得少，很多事情听不懂，人笨。我没有背

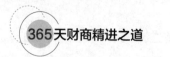

景，违法违规的事绝对不干。

（2）不要好高骛远，以为小事就无所谓，甚至应付了事。做好每件小事，大事才有人给你机会做。

（3）聪明人看到的是眼前的利益，而智者却能看到长远的利益。

（4）就算身上只有两块钱，也要请朋友吃饭，不能让朋友请你吃饭。

（5）我认为，人生观、世界观是成功的最重要因素，还有就是努力。我这个人算不上聪明，但很努力，只知道要一天一天地把事情做好。

（6）我从来都没想过做什么首富，我只是踏踏实实地每天工作而已。

（7）大家都追求成功，但问题在于怎么得到成功，得到成功之后又怎样。很多人觉得，有钱有权的人就有幸福感，其实很多有钱人很痛苦的。我认为，得到他人的尊重和认同才最重要。

▍第103天▍

企业家03：马云

> 马云（1964—）：阿里巴巴集团主要创始人、董事局主席。

致富能力：★★★★★★★

学习系数：8.0

国籍：中国

第一桶金：马云当过秘书、搬运工、教师，于1995年创办了中国第一家互联网商业信息发布网站"海博网络"，主要运营"中国黄页"项目。

仅仅一年时间，营业额就达到了700万元，这在当时是惊人的。这些经历，无疑为马云后来创建阿里巴巴积累了经验和财富。

创富锦囊：马云和阿里巴巴的成功真是值得大书特书。但在这里，我不敢妄论他的创富锦囊，马云创业的初心，就不是为了赚钱创富！他有坚定的目标和独特的想法，在商业圈虽是"异类"，但却是一名真正的商业高手。

马云说：

（1）你穷，是因为你没有野心。

（2）今天会很残酷，明天会更残酷，后天会很美好，但大部分人会死在明天晚上。

（3）如果你真的想创业，行动起来。太多年轻人晚上想想千条路，早上起来走原路。

（4）不管你拥有多少资源，永远把对手想得强大一点。

（5）创业首先是去做，想多了没用，光想不做那是乌托邦。

（6）创业要找最合适的人，不一定要找最成功的人。

（7）富人富裕的岂止是钱，钱只是一个结果，他们富裕的是赚钱的整个过程；穷人穷的又岂止是钱，穷人穷的是思维，是赚钱的意识，是将自身资源转化为资本的意识。

❚ 第104天 ❚

企业家04：史玉柱

史玉柱（1962—）：珠海巨人高科技集团创始人。

致富能力：★★★★★★★

学习系数：9.0

国籍：中国

第一桶金：1984年，史玉柱从浙江大学毕业后，被分配到安徽省统计局工作。1989年下海创业，于1991年在珠海市创办珠海巨人高科技集团，1994年投资保健品，第一个产品是"脑黄金"，由此不断开创保健品营销的崭新局面，也赚到了他人生的第一桶金。

创富锦囊1："永不言败，不折不挠。"在史玉柱的词典里，没有"放弃"这两个字。从曾经的创业风云人物到负债人，到再度创业成功，史玉柱的顽强和执着让大家肃然起敬。这是真正的企业家精神——永不言败。

创富锦囊2："营销广告赢天下。"史玉柱深谙消费者的心理。曾经的"脑白金"等营销广告在今天看来也许显得有些粗俗浅白，殊不知，在这背后，是史玉柱默默地走村进乡，挨家挨户去寻访、调研，和留守老人聊天琢磨才有的结果。"今年过节不收礼，收礼只收脑白金"的广告出来后，几乎家喻户晓，营销广告效果佳，获得了成功。

史玉柱说：

（1）营销是没有专家的，唯一的专家是消费者。

（2）我觉得我这个团队是我最大的财富，我最珍惜这个。

（3）企业只有聚焦、聚焦、再聚焦，方能成功。

（4）不要只看塔尖，二三线市场比一线的更大。

（5）要注意广告的法律限制。

（6）要重视建立销售手册。

（7）不要在将来如何做连锁店方面做太多的梦，先脚踏实地做出第一家。

▌第105天▌

企业家05：刘永好

刘永好（1951—）：新希望集团有限公司董事长、山东六和集团有限公司董事长，曾担任中国民生银行股份有限公司副董事长，入选"改革开放40年百名杰出民营企业家"名单。

致富能力：★★★★★★

学习系数：8.0

国籍：中国

第一桶金：1982年，刘永好和自己的三位兄长一起辞去公职，开始在成都创业。他们变卖手表、自行车等家产，筹集了1000元，从种植、养殖起步，短短6年时间赚得1000万元，随后逐步向饲料产业发展，创立了国内知名的饲料企业集团。

创富锦囊：刘永好最值得我们学习的地方是，他总是紧跟时代，不停学习更新知识。从最初的创业，到兄弟分开发展，再到新希望集团转型，以及女儿刘畅接班经营，刘永好一直对时代新发展、社会新事物、市场新趋势保持着谦虚好学的态度。这种态度是刘永好的事业能不断扩大的关键因素。

刘永好说：

（1）这20多年的磨炼对于我来说，拥有多少财富并不重要，重要的是，我拥有了创造这些财富的能力！假如我这个企业什么都没有了，我的所有财富都消失了，但是我的自信还在，我的见识还在，我的这种经历和能力还在，我可以从头再来。

（2）从市场的角度看，你必须快，不然就会被淘汰，但是，从政策的角度看，你太快了有可能失足，有可能成为"先烈"，所以我一直强调要"快半步"。

（3）做企业，就好像综艺节目中的孤岛生存游戏。有些人怕吃苦，倒下去了；有些人在独木舟上行走，没有踩好，倒下去了；有些人关键时候跑不动，被老虎、狮子吃了。总之，竞争就是这样的，适者生存的游戏规则是明确的，所以应该有这样的思想准备。

▎第106天▎

企业家06：曹德旺

曹德旺（1946—）：福耀玻璃集团创始人、董事长。2009年荣获"安永全球企业家大奖"。2018年先后入选"世界最具影响力十大华商人物"和"改革开放40年百名杰出民营企业家"名单。

致富能力：★★★★★★

学习系数：9.0

国籍：中国

第一桶金：曹德旺是白手起家的典范。14岁辍学的他卖过烟丝、水果，拉过板车，做过修理工。1976年，曹德旺进入福州福清市高山镇异形玻璃厂当采购员，1983年承包了这家亏损的玻璃厂。经过两年的经营，曹德旺把汽车玻璃做到了全国市场第一。1987年，曹德旺成立了福耀玻璃有限公司。

创富锦囊1："技术闪电战，抢占汽车玻璃市场。"曹德旺虽然不是科班出身，但深知科学技术的重要性。他敏锐地发现了国内汽车玻璃的广阔市场，当机立断地从芬兰引进先进的生产设备，并广揽人才开始自行研制汽车专用玻璃，迅速抢占市场。短短5年时间，曹德旺就取得了国内汽车玻璃制造商的龙头地位。

创富锦囊2："专业化运营，国际化视野。"曹德旺非常重视企业的专业化经营管理。福耀玻璃有限公司是中国第一家引入独立董事的公司，上市24年实现了现金分红大于募集资金。民营企业早期在"走出国门"上交了不少的学费，但曹德旺以敏锐的视角和独到的眼光，在美国走出了一条国际化道路。正如"安永企业家奖"独立评选团主席所说，"他的成就远远超过汽车玻璃领域，福耀集团真正推动了中国汽车工业在海外的发展"。

曹德旺说：

（1）因为当年不计个人得失的大胆和争气，才有了今天的福耀。

（2）实话实说，真正的困难，很多都在企业之外。

（3）做事要用心，有多少心就能办多少事。

（4）我向西方学习，与他们合作，但学习、合作都是建立在平等、互惠互利的基础上。若被他们欺负，甚至中国被欺负，我也会斗争到底。

┃ 第107天 ┃

企业家07：鲁冠球

鲁冠球（1945—2017）：曾任浙江万向集团董事局主席

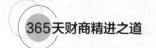

兼党委书记，中国乡镇企业协会会长，"改革开放40年百名杰出民营企业家"之一。他创办的万向集团是国内第一家上市的乡镇企业，第一家拥有国家级技术中心的乡镇企业，第一家产品进入美国通用汽车配套生产的中国汽车零部件生产商。

致富能力：★★★★★★

学习系数：7.0

国籍：中国

第一桶金：1969年，鲁冠球与6名农民一起集资了4000元，接管了一家名叫"宁围公社农机厂"的小厂，生产船钉、铁耙、犁具等，积累了一定资金。

创富锦囊1："审时度势，专一的多元化经营。"经过10年的发展，原来经营情况一般的小厂，已经发展为农机厂、轴承厂、链条厂三合一的大厂，但是鲁冠球不满足于此。1979年，他敏锐地看到了中国汽车行业的发展，立即推进工厂向生产专业化汽车万向节转型，然后逐步生产汽车传动轴、减震器等零部件产品，真正实现了"企业产业相关多元化"。

创富锦囊2："资本运作出高招，整合资源显身手。"鲁冠球父子起家于实业，又善于资本运作。他们积累了一定资本之后，致力于建立一个"万向系"帝国，先后通过投资并购，组建了涉及汽车、新能源、农业、地产和金融诸多领域的万向帝国，甚至在金融领域，涵盖了除券商之外的所有金融牌照。强大的资本运作和自由整合的能力，让"万向系"越做越大。

鲁冠球说：

（1）人家每天工作八九个小时，我要工作十六七个小时。

（2）企业家要赚钱，但不做钱的奴隶，企业家注定是要创造、奉献、牺牲的。

（3）失败的东西是有规律的，成功是没有规律的。

（4）虽然我连普通话都不会讲，但是我能吃苦、肯干，到现在也没有停止过学习。

企业家08：何享健

何享健（1942—）：美的控股有限公司董事长，入选"改革开放40年百名杰出民营企业家"名单。2019年，以198亿美元财富排名2019年福布斯全球亿万富豪榜第50位。

致富能力：★★★★★★★

学习系数：9.0

国籍：中国

第一桶金：何享健辍学后干过农活，当过学徒、工人和出纳，后来成为顺德一个镇的街道干部。为了解决群众的就业问题，1968年，他带领23个居民一起集资创办"北街办塑料生产组"，生产一些小配件，广接订单并为打开销路走南闯北，积累生产资金。一直到1980年，何享健才开始制造风扇，进入家电行业，此后逐渐开创美的的品牌之路。

创富锦囊1："力推员工持股，实行利益捆绑。"何享健早在1992年成立美的集团的时候，就开始试行内部股份制改造。1999年，何享健开始在整个美的集团内推行员工持股的制度，推动产权和分配机制的改革。随后在2001年完成了高管股权收购，进一步完善了现代企业制度和公司治理体系。由此，美的集团的普通员工与高层经理人和企业之间形成了"利益和命运共同体"，内部激励机制的不断完善推动着美的集团的效益逐年猛增。

创富锦囊2："充分放权、重视人才。"在企业的发展中，何享健十分重视人才，他认为"宁可放弃一百万元利润的生意，也绝不放弃一个对企业发展有用的人才"。一方面，他重酬人才，给职业经理人的薪酬非常高，如二级集团总裁薪酬在千万元以上。另一方面，他敢于放权，如让事业部总经理拥有产品开发、采购、生产乃至投资审批权。这种大度和信任，让他团队的凝聚力大大提高，员工积极工作，努力为集团创造更多效益。

何享健说：

（1）我要否定自己，去变革。

（2）宁可放弃一百万元利润的生意，也绝不放弃一个对企业发展有用的人才。

（3）股份制的最大好处就是建立了完整的激励和约束双向机制，让所有员工都明白，"你明天吃稀饭还是吃大虾，取决于今天的工作努力程度"。

▎第109天▎

企业家09：陈发树

陈发树（1961—）：著名企业家，新华都实业集团创办人、董事长，北京大学名誉校董，以315亿元财富排名2019年胡润百富榜第96位。

致富能力：★★★★★★

学习系数：7.0

国籍：中国

第一桶金：陈发树16岁时在安溪林场当搬运工。1982年，陈发树开始去厦门买卖木材。历经5年，他攒下了一笔钱，于1987年开始在厦门经营日用品、杂货生意。

创富锦囊1："敢于转型，稳扎稳打做精百货。"陈发树如果一直做木材生意，就没有如今的新华都集团。1987年，陈发树毅然抵押厦门的房子，带着两个弟弟一起做杂货店的物流生意。后来果断盘下一家杂货店，取名为"华都百货"，由此，把这家不足10平方米的小店，逐渐做成了百货巨头"新华都百货"。

创富锦囊2："慧眼识金，资本运作成大业。"2000年，陈发树利用手中的工程机械，与当初还是贫矿的紫金矿业合作，在紫金矿业的股份制改制过程中，以6000多万元的工程欠款折成33%的股权。不到两年，国际金价飙升，紫金矿业又恰好突破技术，产量大增，2008年紫金矿业回归A股上市，陈发树手中的股权已升至155亿元，顺利登上福建首富之位。第二年，陈发树继续发力，购得青岛啤酒7.01%的股权，不到一个月就有近3亿港元的浮盈。后来更是抵押所有身家，以254亿元控股了白药控股，圆了他的"云南白药"梦。

陈发树说：

"喝水不忘挖井人"，商人挖掘社会财富不能忘了政府和百姓的支持。

▌第110天▌

企业家10：宗庆后

> 宗庆后（1945—）：娃哈哈集团创始人、董事长兼总经理，浙江娃哈哈智能机器人有限公司董事长，先后于2010年、2012年登上胡润百富榜并成为内地首富，2018年入选"改革开放40年百名杰出民营企业家"名单。

当你了解了宗庆后的故事后，就会被这位其貌不扬的老人所感动。他42岁才开始创业，每天工作16个小时以上；他的书架摆满了各种地图，地图上都标满了记号；他总是穿一件普通夹克衫、一双旧黑布鞋，乘飞机坐经济舱，乘高铁坐二等座。可这位老人曾经三度登上内地首富的位置啊（第三次是宗庆后登上2013年"新财富500富人榜"榜首）！

致富能力：★★★★★★

学习系数：7.0

国籍：中国

第一桶金：初中毕业后，宗庆后先后在茶场和农场工作过，33岁才有机会回到杭州，进入工农校办纸箱厂当了一名推销员。1987年，宗庆后用14万元借款与两位退休老教师承包了连年亏损的杭州市上城区校办企业经销部，开始蹬三轮车卖冰棍创业，为两年后创建杭州娃哈哈营养食品厂打下了基础。

创富锦囊1："扩大生产规模，做大做强主业。"娃哈哈儿童营养液成功推出后，宗庆后并没有被成功冲昏头脑——他的忧患意识非常强。就在20世纪90年代初娃哈哈供不应求之际，宗庆后力排众议，以8000万元巨资并购了国营杭州罐头食品厂，为娃哈哈后来的发展奠定了坚实的生产基础，也为娃哈哈后续的并购扩张积累了运作经验。但是在并购之前，几乎所有的管理层和员工都持反对意见，宗庆后事后说："当时我感觉如果娃哈哈不扩大生产规模，将可能丢失市场机遇。"事实证明，宗庆后的并购举措对品牌发展来说是正确的。

创富锦囊2："占领农村市场，做大'非常可乐'。"可口可乐和百事可乐作为百年老品牌，进入中国之后一直占据中国饮料市场的半壁江山。但宗庆后"明知山有虎，偏向虎山行"，他认真分析了可口可乐和百事可乐的不足，发现它们未能覆盖农村，也未能凝聚经销团队。针对这两个缺口，宗庆后开始了"非常可乐"的营销大行动：1998年，娃哈哈正式推出"非常可乐"，利用低价打入市场，给经销队伍更多的利润和销售空间。2002年，"非常系列"碳酸饮料产销量达到惊人的62万吨，约占全国碳酸饮料市场份额的12%，"非常系列"成功占据了当时的农村市场。

宗庆后说：

（1）我们之所以选择成为企业家，并非来自我们的本能，也并非我们真正的性格使然。我们只是在一个找不到出路的年代里，使劲儿地在为自己找一条出路。等到年纪大了，回头一看，自己竟然走出来一条路——一条水路，"弱水三千，只取一瓢饮"的路。

（2）世界上成功的都是行动派，有时候你很幸运，看似虚无缥缈的理想，因为你的行动，就成功了。成功很艰难，有时候却又那么简单。

（3）成功的人一定有一项特殊的技能，那就是苦中作乐，随遇而安。坚持下去，带着希望坚持下去，不让自己匍匐在命运的脚下，然后，生命中才会突然出现开阔地。

（4）当你所有的思想聚集于一点，强大的力量由此而生，它汇聚人脉、金钱，汇聚一切。

（5）人活着，必须干一番事业，不能碌碌无为过完此生。

（6）你能理解一位47岁的中年人，面对他一生中最后一次机遇的心情吗？

▌第111天▌

企业家11：李宁

李宁（1963—）：中国"体操王子"，李宁体育用品有限公司董事长，2019年任中国奥委会委员。

致富能力：★★★★★★

学习系数：8.0

国籍：中国

第一桶金：1988年李宁退役，随后加盟了广东健力宝集团，并于1990年在广东三水创立了李宁体育用品品牌。借赞助1990年亚运会中国代表团的契机，李宁开启了中国体育用品自主品牌创建经营之路。

创富锦囊："大胆转型，勇于创新。"李宁在体操界的地位和成就是大家公认的，而他在商业界的成功也是经历了千辛万苦的历练，通过自身大胆转型和勇于创新获取的。他在创业上总体经历了两个关键阶段。第一个阶段是李宁退役后创建了自己的品牌公司，从零开始、从头再来的创业之旅让李宁经历了凤凰涅槃；第二个阶段是在李宁公司经历了2012—2014年的3年亏损后，李宁回来担任CEO，他通过对商业模式的思考、探索和创新，让李宁公司实现了跨越式的发展，包括对门店、营销、新产品等的重塑，以及在2018年推出"悟道""中国李宁"系列的爆款产品。李宁无时无刻不在转型、创新，可以说，没有李宁的冒险、转型和创新精神，就没有李宁公司的今天。

李宁说：

（1）我觉得当你看到一个好的产品，或者说当你做的一件事被很多人认可，这是很开心的事情。因为我的努力，因为我们员工的努力，让大家的生活品质提升了，这就是我们想要实现的目标。

（2）我觉得企业家也好，运动员也好，很重要的是要有斗志，敢于冒险，敢于追求，有勇气和担当把你的想象变成现实。

（3）职业一定要从商业角度来看，包括它的组织、资金的投入、技能的投入，以及它所获得盈利的方式是什么。因为它的盈利不是来自这个竞技、竞赛或运动的本身，而是来自其他的形式。因为这个联赛最重要、最职业，之所以成为职业，是因为它本身的价值，它能够创造经济价值。如果它本身不能创造经济价值，而是通过更外围的条件去创造的话，那么它很难维持价值。

▌第112天▌

企业家12：朱孟依

朱孟依（1959—）：合生创展集团有限公司董事局主席。

致富能力：★★★★★★

学习系数：7.0

国籍：中国

第一桶金：20世纪80年代，20来岁的朱孟依在老家广东丰顺当起了包工头，后来与政府合作开发商业街，积累了地产开发的经验和资金。

创富锦囊："洞察市场，快进快赚，稳扎稳打。"朱氏兄弟在广东乃至华南地区地产界的影响力是非常巨大的。尤其是朱孟依，在外界看来，

他低调无名，实际上在土地储备和开发上，却是一只真正的、行动迅猛精准的"华南虎"。他在广东尤其是在广州的迅猛发展，让万科等地产巨擘都礼让三分。朱孟依的绝招就在于"准、快、稳"。准，是他拥有非常精准的市场洞察能力，他看准了广州天河区的未来前景和潜能，连续买入大片农田，早早开发出华景新城、骏景花园、暨南花园等精品楼盘，积累了大笔资金；快，是利用合生创展和珠江投资两家地产公司，快速拿地、快速开发、快速销售，把地产开发"一条龙"机制运营得风生水起；稳，是他很注重成本控制和风险防控，他会赚钱，也善于把控风险。

朱孟依说：

做企业，就是选择每天都睡不好觉的生活，白天你用前面的脑子想问题，晚上还得用后面的脑子想问题。

▌第113天▌

企业家13：李彦宏

> 李彦宏（1968—）：百度的联合创始人之一，百度董事长。

致富能力：★★★★★

学习系数：7.0

国籍：中国

第一桶金：李彦宏曾在北京大学和纽约州立大学布法罗分校就读信息管理和计算机专业，先后在美国的道琼斯和著名搜索公司Infoseek工作过。1999年，李彦宏回国创业，并于2000年融资120万美元成立百度公司。

创富锦囊： "专注技术，聚焦搜索。" 李彦宏在2000年才成立搜索公司，在业界起步不算太早，但他凭借做专做精的魄力，迅速在搜索领域做到了最优最强，百度更推动中国成为当时世界上拥有搜索引擎核心技术的四个国家之一。另外，在搜索领域做出了名气后，虽然在信息网络世界仍然有许多诱惑存在，但是李彦宏还是一心一意做搜索、做百度，这一点非常难得。同时，坚守也让他笑到最后。后来百度在美国纳斯达克上市，成为一代互联网巨擘。

李彦宏说：

（1）硅谷给予我最大的感触是，希望通过技术改变世界，改变生活。

（2）技术本身并不是唯一的决定性因素，商战策略才是真正决胜千里的关键。

（3）李彦宏创业七招：向前看两年；少许诺，多兑现；在不需要钱的时候借钱；分散客户；不要过早地追求盈利；专注自己的领域；保持激情。

▌第114天▌

企业家14：马化腾

马化腾（1971—）：腾讯公司主要创办人、董事会主席兼首席执行官，全国青联副主席。

致富能力：★★★★★★★

学习系数：7.0

国籍：中国

第一桶金：1993年，马化腾从深圳大学毕业，并进入深圳润迅公司当软件工程师。1997年，马化腾开始使用ICQ。1998年底，马化腾和同学张志东创立了深圳市腾讯计算机系统有限公司，开始在深圳赛格科技园打拼，并通过寻呼业务赚到了一笔钱。

创富锦囊1："贴近用户，专注技术。"马化腾的成功，在于他不仅懂技术，而且还懂用户需求。他了解人们使用QQ到底需要什么功能。一个QQ小企鹅，把一个看似散乱的虚拟世界连成一个超级庞大的网络群体，这个群体成了腾讯的客户群、消费群。同时，马化腾还不断根据市场需求逐步完善这个"巨无霸"系统，一步一步打造了一个持续为自己创造巨大财富的独树一帜的网络世界。

创富锦囊2："紧跟变化，创新迭代。"时代在变化，腾讯的技术随着对市场、对用户的需求理解的改变，也在不断创新更迭。从QQ聊天、QQ游戏、QQ农场、QQ空间，再到微信，腾讯的成功可以说是创新的最好范例之一。

马化腾说：

（1）好产品往往不需要特别厉害的设计。

（2）要务实和专注，永葆激情，求知若渴。

（3）要像"小白"用户那样思考。

（4）我只对自己感兴趣和具有挑战性的事情非常投入。

（5）不要羡慕别人拥有的，还未拥有只能说明我们付出的还不够。

▌第115天▌

企业家15：孙广信

孙广信（1962—）：广汇集团董事局主席。

致富能力：★★★★★

学习系数：9.0

国籍：中国

第一桶金：孙广信的第一桶金具有很高的含金量。1989年退伍复员后，他用3000元转业费和40万元借款，成立了新疆广汇公司的前身——广汇工贸有限责任公司。没资金、没项目的孙广信无意间看到一个推土机厂投放在新疆的广告。于是他主动上门毛遂自荐，提出要获得代理权，结果厂家不信任他，他只能以个体户的名义推销这款推土机，每卖出一台推土机拿1%的提成。拿到权限后，孙广信几乎走遍了新疆，省吃俭用，早出晚归，硬是在10个月内走了10万多公里，卖出了103台推土机。这是此款推土机过去10年在新疆的销售量。厂家负责人对此非常惊讶和佩服，主动提出给2%的提成（共60万元），并拿出10台推土机和装载机让他代销，孙广信成了厂家的新疆总代理。他赚到了人生第一桶金，也磨炼了毅力，提高了能力。

创富锦囊1："冲劲、韧劲。"孙广信的成功绝不是偶然的。掘得第一桶金后，孙广信盘下一家在乌鲁木齐经营不善的广东酒家，但刚开始的4个月就亏了17万元人民币。孙广信是不服输的人，他自己当起了服务员，一桌一桌地征求顾客的意见、赠送菜式，经过半年的苦心经营，又收回了全部投资。后来他一鼓作气，投资了娱乐城、迪士尼乐园和香港美食城等，在新疆餐饮业取得了许多成就。

　　创富锦囊2："灵气、大气。"后来，孙广信决定投资地产。在此之前，他灵机一动，去了当时在地产界做得不错的四川南德公司和沈阳飞龙公司应聘岗位，并分别当了7天的办公厅主任和行政部部长。回来他就说："用不了5年，我们会超过他们的。"随着孙广信的发力，广汇工贸有限责任公司的房地产业务真的超越了许多前辈。孙广信成功后对手下也毫不吝啬，他的54个中层员工，每个都是百万富翁，且一半以上是千万富翁，更有15个亿万富翁。2002年，他更是把集团25％的股份分给了公司管理层。这种豪气和大方，让他身边聚集了一帮能干事的人才。

　　孙广信说：

　　（1）在部队当指导员的时候，我每天夜里要查岗，20多年来，睡眠时间基本没有超过6个小时，我习惯了。

　　（2）一个从零开始做起的人，能把广汇的产业链全部布局完，把广汇办成受人尊重的企业，我就足矣。这一生没有白来。

　　（3）信心很关键。发展中的企业好比一辆奔驰的汽车，发动机是核心。

▌第116天▐

企业家16：王传福

　　王传福（1966—）：比亚迪股份有限公司董事局主席兼总裁，广东省第十二届工商联副主席，入选"改革开放40年百名杰出民营企业家"名单。

致富能力：★★★★★★★

学习系数：8.0

国籍：中国

第一桶金：1995年，王传福放弃了在北京有色金属研究总院的铁饭碗，带着技术和表哥的250万元投资款，来到深圳开始了艰难的镍镉电池创业历程，也开启了"电池大王"的传奇之路。

创富锦囊1："自我专注铸就事业。"也许没有太多人知道，大学里的王传福曾被称为"舞林高手"，因为喜欢跳舞并经常练习，他高超的舞技就在大学里传开了。可见，王传福很早就是一个很专注的人，包括他的专业和方向选择。他在大学里学的是冶金物理化学专业，与电池研究密切相关；他读研究生也选读了电池专业；后来他创业的主业还是电池。可见他的专注力十分突出，所以人们都称他为"技术狂人"。

创富锦囊2："自主技术成就伟业。"王传福不像某些创业者那样盲目崇拜欧美先进技术，他敢于自主创新、自主研发，包括镍镉电池和后来的蓄电池，都是他自主开发研制的产品。这种信奉自主创新的个性，让他后来在汽车制造方面大放光彩。比亚迪汽车经过王传福式的自主创新后，已经走出了一条"中国制造"之路。王传福认为"年轻的工程师胜过资深的欧美技术专家，什么都可以自己造"！

王传福说：

（1）当年的梦想就是把公司做大，有一定的收入。当时有一些兄弟加入我们公司，都是打破了铁饭碗辞职来创业的，想的是赚的钱一辈子花不完，这一点现在实现了。到现在，我们想的还是产业，以产业报国。

（2）中国人聪明、勤奋，只要有机会就一定能成功。我只是一个比较坚韧、比较刻苦、比较有耐力的普通人，因为抓住了改革开放带来的机遇，才能有今天的成绩。

（3）中国所有行业，都是一步一个脚印走过来才取得成功的。中国的家电行业已经走向世界，手机行业这几年也走出来了，汽车行业也会一样。

▌第117天▐

企业家17：江南春

> 江南春（1973—）：分众传媒的创始人和董事长，上海市浙江商会轮值会长。江南春是首位"安永企业家奖——中国大陆大奖"得主，以390亿元财富排名2018年胡润百富榜第58位。

致富能力：★★★★★

学习系数：8.0

国籍：中国

第一桶金：1994年，还在华东师范大学念书的江南春就获得了人生的第一桶金，他通过为无锡的一项市政工程做户外创意赚得了50万元。

创富锦囊1："深谙营销精髓，打开传媒新门。"在大众传播占主流的时候，江南春另辟蹊径，提出了分众媒体的概念，让传播营销界耳目一新。尤其是他提出的"生活圈媒体"概念，将户外媒体与居住场景紧密结合，在移动互联网时代创造了营销广告的奇迹，成功地把分众传媒植入市场、消费者和客户的心中。

创富锦囊2："准确定位，抓住机会。"江南春抓住了中国城市化进程的机遇，尤其是瞄准地产快速发展的大势，把广告做进大楼的电梯，让人不得不佩服。现在，分众传媒的广告经营额基本以每年百分之二三十的速度在增长，并在三、四线市场拓展了大量业务。

江南春说：

（1）每天我内心不断发出的声音就是"快跑、快跑"，跑到你的竞争者消失。不用回头，只管往前跑。

（2）企业经营的终极成果是建立一个品牌认知。有认知才有选择，你如何才能在客户心中取得最有利的位置？

（3）第一，请问你提供了什么样独特的价值？消费者选择你而不选择你的竞争对手，理由是什么？第二，假如你有这种独特的价值，你有没有时间窗口？时间窗口实际上是指这件事你做早了还是做晚了，今天你想占据的那个位置是不是有人占了？时间窗口很重要。

▌第118天▌

企业家18：朱保国

朱保国（1962—）：健康元药业集团股份有限公司董事长。朱保国家族以450亿元财富排名2019年胡润百富榜第57位。

致富能力：★★★★★

学习系数：7.0

国籍：中国

第一桶金：大学毕业后，朱保国在商店里工作了两年，后来去了一家化工厂做化工技术员，并以5000元参股一家小型化工厂。然后朱保国就带着一份花9万元买来的美容处方来到深圳，通过向地下钱庄借贷，开始研制美容口服液产品，后来产品一炮而红，朱保国赚得了人生第一桶金。

创富锦囊1："自律执着，具有超强执行力。"据报道，朱保国"6岁站军姿，7岁做俯卧撑，8岁开始每天晨跑1公里""上高中后，朱保国依然坚持凌晨五点半起床，晨跑2公里，再回来背英语单词""大学期间，他就两个爱好——操场跑圈、泡实验室。四年下来，朱保国把电解质平衡、酸碱理论等知识琢磨得一清二楚，并于1984年获得'优秀毕业生'称号"。正是这样的自律和执着，才使得朱保国有机会发现乡里中医的美容配方，能够在深圳立足创业，能够在借高利贷的情况下把工厂开起来，能够把"太太口服液"做到几十年都畅销。

创富锦囊2："瞄准目标，大胆并购，华丽转型。"在成功推出"太太口服液"后，随着事业越做越大，朱保国把目光放在了资本运作和项目并购上。但他的并购并不是一时兴起，而是经过深思熟虑、反复论证的决定，尤其是注重实效和实利。比如他并购丽珠得乐，就是看中其品牌技术以及中国制药的雄厚基础。

朱保国说：

（1）主要是我选对了事业发展地——深圳，加之有一个好产品和一批优秀人才，这三个因素是奠定成功的基石。

（2）一个人一生所需的钱财寥寥，作为企业家，主要责任是将企业做大做强，对社会、员工、消费者负责。

（3）永不满足，有了100亿元的产值，还要创造200亿元、500亿元甚至更多的产值。其间可能会失败，但要知难而进，永不言败。

▌第119天▌

企业家19：陈天桥

陈天桥（1973—）：盛大网络董事会主席、CEO。陈天桥夫妇以320亿元财富位列2018年胡润百富榜第82位。

致富能力：★★★★★★★

学习系数：9.0

国籍：中国

第一桶金：作为中国网络游戏产业的殿堂级人物，陈天桥的网络创业之路可谓是真正的"吃螃蟹"之举。1999年，互联网在中国还没有全面普及，在股市赚了50万元的26岁的陈天桥，和弟弟等人一起在上海创建了盛大网络，推出了网络虚拟社区"天堂归谷"。第二年，盛大网络就获得了中华网300万美元的注资。

创富锦囊："独立思考和逻辑思维。"陈天桥在他31岁时成为中国首富，并不是单纯靠运气。独立的思维方式，以及注重逻辑的思维习惯，是他成功的关键因素。一次，时任盛大高管的朱威廉花了两天时间想清楚了一个观点，然后自信地跟陈天桥汇报，结果10分钟就被陈天桥反驳得体无完肤。陈天桥的独立，从一开始引入韩国的《传奇》代理权就显示出来了，《传奇》为盛大网络成为中国网游先行者奠定了基础。后来《传奇》运营了4年，由于竞争越来越激烈，《传奇》开始走下坡路，陈天桥力排众议，将《传奇》的盈利模式从出售游戏点卡转变为为玩家提供增值服务，这样的转型让《传奇》又引领了网游的发展模式和趋势。可以说，陈天桥的独立思考能力和思维的逻辑性，决定了他的工作战略。

陈天桥的可贵之处在于，他不仅仅在财富创造上走在了企业家们的前面，他的回归内心、回归慈善，也走在很多人的前面。

陈天桥说：

（1）要有勇气，要有眼光，要有学识，但到最后我认为执着也是非常重要的。

（2）财富实际上是你帮助别人的一种资本。

（3）不要回头看，惋惜自己丧失了多少机遇，也不要觉得自己当下尴尬，羡慕下一代的机遇。任何时候都有机会，关键是我们能否把握当下。

（4）这将是一个试图回答"我们是谁，我们来自哪里"的地方。数千

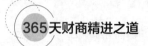

年来，我们通过改变物质世界来增强我们的幸福感，而我们现在必须通过向内探索来解决这个问题。

（5）我认为，包括我对盛大的员工都这样要求，那就是当家庭和事业需要平衡时，永远是家庭大于事业。

▌第120天▌

企业家20：周永伟

周永伟（1962—）：福建七匹狼制衣实业有限公司董事长、七匹狼集团董事长。

致富能力：★★★★★

学习系数： 5.0

国籍： 中国

第一桶金： 20世纪80年代初，周永伟向父亲借了3000元，赴江苏镇江参加了一个纺织品订货会，开始进行纺织品贸易，并逐步建立自己的纺织品贸易公司，赚取了人生第一桶金。

创富锦囊： "品牌战略，品质优先。"周永伟通过对男性精神的精准把握，推动七匹狼将服装、香烟、酒类产品等产业有机融合，全力打造"七匹狼男性文化"，围绕这一品牌文化对各类产品进行了开发和定位。最难能可贵的是，周永伟在成功之后仍然理性决策，专注于生产男装，更加注重产品品质，从而通过持续打造七匹狼品牌文化，在男装市场中越走越成功。

周永伟说：

（1）虽然我们是家族企业，但是，除了参与创业的三兄弟，公司的管理层没有安插过其他亲戚。

（2）短期内，我们不会考虑多元化问题。上市后，我们的精力还将放在围绕主业，做大做强七匹狼品牌上。

▌第121天▌

企业家21：李伟

李伟（1968—）：河南省工商联副主席，郑州思念食品有限公司董事长。

致富能力：★★★★★★

学习系数：7.0

国籍：中国

第一桶金：1996年，李伟毛遂自荐，到联合利华的"和路雪"冰激凌总部，要求做河南省总经销商。"和路雪"冰激凌总部被这位年轻人的胆识打动，于是，李伟逐步通过销售其产品积累了第一桶金。

创富锦囊："销售屡出奇招。"李伟从一开始就非常重视销售。由于冰激凌是夏季旺销商品，一到销售淡季，这些冷链资源几乎被闲置了，而汤圆恰恰在冬季是旺销食品，因此李伟决定做汤圆生意。但是由于李伟的

汤圆没有名气，产品根本卖不动。于是李伟派销售人员到经销商住的旅馆去游说："思念的汤圆有货，价格便宜，还可以赊账，拉一点试试吧。"拉货的经销商总不能空车而归，有些人等不及了，便同意进点货试试。后来，李伟在《大河报》刊登了一版"寻人启事"："谁是最会做汤圆的人，我们给他50万元！"这个独特的招牌广告，不仅让李伟找到了真正的专业人才，还在无形中打响了思念食品的牌子。后来，李伟邀请毛阿敏拍摄广告，把思念食品的产品好好推销了一番，取得了不俗的业绩。

李伟说：

（1）企业的业绩和创新发展能力，永远是第一位的，其他都是次要的。

（2）食品行业是个传统行业，也许有人感觉它与互联网的连接比较难，但我觉得恰恰相反。食品消费与每个人的日常生活是强连接的，恰恰具备"互联网+"的基础。

▌第122天▌

企业家22：崔连国

崔连国（1966—）：山东久泰化工科技股份有限公司董事长兼总经理。

致富能力：★★★★★

学习系数：6.0

国籍：中国

第一桶金：20世纪80年代初，崔连国抓住机遇，借钱买了一辆拖拉机开始跑运输，后来逐步发展到用小货车做生意。到20世纪90年代初，凭借自己的辛勤和汗水，他已经靠运输积累了上百万元的资金。

创富锦囊："敢想敢做，永不言败。"崔连国做生意的胆识不得不让人佩服。1992年，在成功赚取第一桶金后，他大胆投资188万元创办了自己的第一家企业——华星陶瓷厂。后来，他居然以"蛇吞象"的方式兼并了临沂市美术陶瓷厂，开辟了个人兼并国有企业、集体企业的先河，并由此组建了华星集团公司。随着企业越做越大，他又投资1200万元建成了华星一厂二期工程和华星二厂，年产日用瓷达到了5000万件。2001年，眼光独到的崔连国看到了二甲醚的市场前景，创立了临沂鲁明化工有限公司，开发二甲醚产品。2002年，以鲁明化工为主发起人的山东久泰化工科技股份有限公司成立，久泰化工的规模逐年扩大。后来，崔连国经营管理的久泰化工还与世界顶级贵族世家洛克菲勒家族展开合作：洛克菲勒发展（天津）有限公司董事长罗伯特·文森特·洛克菲勒看中了久泰化工的盈利能力，双方准备筹建"久泰能源（内蒙古）有限公司"。虽然最终生意没有成交，但却让崔连国和久泰化工做了一次别人想都不敢想的免费的国际广告——"久泰化工联姻洛克菲勒，让世界认识了久泰化工"！2006年12月，久泰化工在新加坡证交所正式上市交易，吸引了众多国内外的战略投资者。

崔连国说：

要努力打造卓越的行业品牌，创建成为员工满意、社会尊重、同行称道、充满活力的国际化、现代化卓越新材料智慧企业。

▌第123天▐

企业家23：茅理翔

> 茅理翔（1941—）：方太厨具创始人。2005年，方太创业10周年之际，茅理翔卸任方太董事长一职，转任集团主席。

致富能力：★★★★★★★

学习系数：8.0

国籍：中国

第一桶金：茅理翔曾做过10年会计、10年供销员。1985年，44岁的茅理翔以6台机床起家，筹资创建了他人生中的第一家工厂——慈溪无线电元件九厂。

创富锦囊："危中寻机，越难越进取。"1985年，茅理翔创办了慈溪无线电元件九厂，企业主要加工生产电视机零配件，却在第二年就遇上了国家的宏观调控政策。那一年，电视机厂的产品卖不出去，20多个关系单位都停产了，工厂面临倒闭，员工的工资都发不出了。就在这样的困境中，茅理翔迎难而上——在北京电子技术研究所一位朋友的帮助下，在国内首次研发生产出一种新式的自动电子点火装置产品，并于1986年下半年打开了销路，产品得到了市场的认可。同年底，茅理翔不但为厂里的100多名员工发清了所有的工资和奖金，还举办了他创业以来的第一场盛大的春节晚会，犒劳全体员工。他的第二次创业更是在困境中找到了新的生机，当时厨具市场竞争激烈，但茅理翔提出"我们方太不搞价格竞争"。1996年1月，宁波方太厨具有限公司横空出世。新企业秉持"精品、高端、专业"的创业思路和经营理念，让茅理翔取得了新的更大的成功。

茅理翔说：

（1）健康是成功的基础，动不动恼火会伤肝、伤心。"不管风吹雨打，胜似闲庭信步"，要保持这种从容不迫的心态，就是一种"忍"的态度。

（2）做企业很幸福，这是一种乐趣，其他人很难想象出来。

（3）老一辈企业主在交班上一定要做到"大胆交、坚决交、彻底交"，年轻人也要"认真接、大胆接、积极接"。

（4）接班人要具备以下几种基本能力。第一，决策能力。要经常开一些战略会，而且重要的会议既要有专家参与，也要有团队参与，以防个人独断决策。也就是说，必须要有科学决策的能力。第二，领导能力。既要有领导团队的能力，也要有把握发展大方向的领导能力。第三，应变能力。商场如战场，因此必须要有战略应变能力。第四，学习能力。一定要经常学习，不能自认为自己已经非常优秀而满足于现状，而是要强化自身的学习能力。第五，创新能力。一开始就要培养接班人的创新能力，因为创新能力是企业家非常重要的能力。第六，说教能力。

▌第124天▌

企业家24：施文博

施文博（1950—）：恒安集团的创始人。2019福布斯中国慈善榜排名第21位。

致富能力：★★★★★

学习系数：6.0

国籍：中国

第一桶金：施文博于20世纪70年代移居香港。1980年，30岁的施文博顺应改革开放趋势回到老家泉州经营服装生意，赚了第一桶金。

创富锦囊1："勇于转型，敢于创新。"服装生意没做多久，施文博提前意识到服装业或将要走下坡路，便考虑如何转型发展。当时，国内还没有占据主流市场的卫生巾产品。1985年，施文博和许连捷等人集资136万元成立恒安集团，并克服外汇购买额度限制的困难，采用差异化方式正式开始做卫生巾生意。同时，施文博通过在热播港剧中插播广告，打破了僵局，其"安乐卫生巾"首次打入上海市场就迅速取得了当地近80%的份额，后来逐步在全国其他大中小城市进行全覆盖。1989年，恒安10条生产线满负荷运转，净利润率超过20%，公司之前的投资在当年即全部赚回。

创富锦囊2："向规范化、现代化管理要效益。"施文博从来没有停止过对集团规范化和现代化管理的探索。2002年，施文博耗资2000万元聘请全球著名管理顾问公司美国汤姆斯集团进驻恒安，推进恒安优化流程、提高效率的"TCT"（Total Cycle Time，全周期时间管理模式）行动。2002年，恒安集团年销售额约11亿元，到2007年年销售额达到54亿元，增长了近4倍，利润也增长了5倍，达到10亿元。2007年底，施文博实施二次管理变革，启动战略规划、管理控制、供应链优化和绩效管理四大模块改革。到2009年，恒安集团年销售额突破100亿元，2013年突破200亿元。2014年，恒安集团实现营收238.3亿元，营业利润57.5亿元，分别比2007年增长了3倍多和4倍多。

施文博说：

行有余力，就应回馈。

▌第125天▌

企业家25：李如成

李如成（1951—）：雅戈尔集团股份有限公司董事长、雅戈尔集团总裁。

致富能力：★★★★★

学习系数： 7.0

国籍： 中国

第一桶金： 1980年，李如成到镇办的"青春服装厂"做工人，凭着他的勤奋努力，进厂不久后就被任命为裁剪组组长。后来李如成的经营管理和销售才能逐步展露，当上了厂长。之后凭借联营百年老厂上海"开开衬衫厂"，李如成带领工厂获得数百万元的利润。

创富锦囊1： "专注专业，聚焦发展。"宁波作为中国服装之乡，曾经有3000多家服装企业，但很多企业到了后来都消失了，李如成创立的雅戈尔却始终站在服装的最前端。李如成说："雅戈尔没有经验，因为任何企业的发展都必须将自身条件与市场实际相结合，套用某个模式是不行的。企业决策者要经得起外界的诱惑，不要好高骛远，像熊瞎子掰玉米，掰一个丢一个。"李如成还曾说："1998年雅戈尔上市成功，当时公司的资金比较宽裕，有人来出主意，说去搞金融、搞高科技产品等，我们都回绝了。企业搞多元化不仅仅要考虑钱多钱少的问题，还要有人才、市场的支撑，要有多种要素的配套。从雅戈尔自身的情况来看，我们擅长的是服装行业，把服装行业做大做强，雅戈尔同样有广阔的发展前景。"正是这种聚焦主业，并敢于引进国际一流的现代化生产线的举动，使得世界

服装大师皮尔·卡丹在参观占地500亩的雅戈尔国际服装城之后，也赞叹不已："我走遍了各国知名的服装企业，你们的设施、规模在世界上首屈一指。"

创富锦囊2："把握市场，精准营销。"李如成认为，现代西服不仅要做到工艺精湛、制作精细，更需要完美的造型设计，体现服装的人性化理念。雅戈尔建立了当时世界上最先进的西服样板中心，其推出的薄型、超薄型西装，不仅体现了欧美时尚风格，亦兼具东方民族的着装特点。产品一问世，即成为业界的"黑马"，销量连年以两位数的百分比增长。李如成重视贴近消费者需求，摸准市场脉搏，主张构建自己的营销网络。经过10年的努力，雅戈尔耗资15亿元，在全国建起了100多家分公司、2100家营销网点，其中营业面积300平方米以上的自营专卖店有300多家。"调整、增加营销网点，发展超大型自营专卖店和窗口商场等建设"，成为雅戈尔营销模式的一大特色。不但如此，李如成还力排众议，推出"大营销"战略，通过占领市场制高点，以大城市、省会城市的自营大卖场为龙头，从中心城市向周边地区拓展渗透。同时，设立配送中心，连接生产与销售，集营销、物流和资金于一体。"大营销"战略使得雅戈尔销售额剧增，业内人士纷纷赞叹。

李如成说：

（1）机械化的核心是提高效率和品质。

（2）现在稀缺的不是资本，而是人力资源。服装行业不是传统行业，也不是制造行业，而是艺术行业。

（3）企业成功的关键不是跑得快，而是少走弯路，不犯或少犯错误。

▍第126天▍

企业家26：丁世忠

丁世忠（1970— ）：安踏体育用品有限公司董事局主席兼首席执行官。2008年荣获"安永企业家奖"，2014年荣获"2014年度华人经济领袖"称号，2017年入选由《哈佛商业评论》发布的"2017中国百佳CEO"榜单。

致富能力：★★★★★★

学习系数：8.0

国籍：中国

第一桶金： 1991年，丁和木、丁世家、丁世忠父子三人创建安踏（福建）鞋业有限公司，开始了创业之路。

创富锦囊1： "塑造产业价值链，渗透终端网络。"丁世忠在创办安踏之初就意识到，"制造不能是安踏的全部"，一定要依托体育产业集群来锻造产业价值链，从而保证企业持续的盈利能力。安踏从一开始就在体育用品的设计、采购、生产、物流、品牌包装、终端销售等各个环节上布局。丁世忠曾说："在产业升级和市场洗牌的过程中，只有变成价值链的管理者，我们的利润组合、定价策略才能形成竞争力。"目前，安踏已在福建、江苏、北京、广东等地设立了4大仓储物流中心和6个营运分部，设置了近300人的专职团队为经销商承担物流、品牌包装等服务，坚持"在大城市多开店，小城市开大店"策略，形成了覆盖全国600多个城市、共5193家终端店面的网络。

创富锦囊2： "管理创新和组织优化。"丁世忠不仅聘请科尔尼、麦肯锡等国际咨询公司为其提供管理咨询，还聘请美氏咨询公司设计组织架构和绩效考核体系。丁世忠清楚，企业规模大，管理不一定就好，要经常注意"战略与组织结构""团队与公司业务要求""分销商能力与公司绩效""供应商与公司业务要求"等四大方面的匹配，不断进行公司运营效率、组织结构的优化，以保持安踏的综合竞争力。所以，安踏在公司治理上一直保持稳健发展和创新活力。

创富锦囊3："注重品牌和产品创新。"在品牌定位上，安踏一直立足于大众市场，提供超值产品和服务。同时，丁世忠非常重视技术研发，相关的投入一直保持着占营收额的3%。他率先在中国体育用品企业建立了运动科学实验室，该实验室在2009年底通过国家发改委审核，成为体育用品行业中的第一家，也是唯一一家国家级企业技术中心。安踏运动科学实验室获得了40多项国家专利，已成为体育用品行业标准的制定者之一。

丁世忠说：

（1）我从小不管做什么事情都很好胜，有一种比别人更强的好胜心。

（2）这个时代诱惑太多，赚钱的机会也不少，但是我们不做其他的，我们只做我们擅长的运动鞋、运动服等相关产业。

（3）安踏聚焦在体育用品市场，专注做好每一双鞋、每一件衣服。秉承工匠精神，才能让我们生产出更多品质过硬的品牌产品，更好地满足品质化、个性化的消费新需求。

▌第127天 ▌

企业家27：徐传化

徐传化（1935—）：传化集团创始人、董事长。徐传化以198.7亿元财富位列2018年福布斯中国富豪榜第88位，并多年蝉联浙江萧山首富。

致富能力：★★★★★★

学习系数：9.0

国籍：中国

第一桶金：徐传化在创业之前帮人开过机械、化工、冶金等工厂。1986年，徐传化为给儿子治病，办起了生产液体皂的家庭作坊（传化集团前身）。第二年，徐家液体皂销售额超33万元，徐传化赚取了第一桶金。

创富锦囊1："勤干苦干，坚持不懈。"徐传化52岁才开始创业，但他硬是凭着一股不服输的精气神，把工厂办了起来。液体皂工厂办起来后，徐传化抓紧组织工人在夜里做出产品，白天自己就用脚踏车拖着液体皂挨家挨户地去卖。徐传化没读过书，在不识字的情况下，记住了上百种产品的型号代码，很多纺织印染企业都通过他的辛勤苦干认识了他。徐传化曾说，无论是创业还是生活，他有5个"心"、3个"性"——事业心、竞争心、信心、决心、恒心和组织性、超前性、党员先进性。

创富锦囊2："依靠科学，依靠人才。"1986年，徐传化在经过千百次的尝试生产又浓又稠的液体洗涤剂的失败后，不得不用2000元买来了加一勺盐的"秘方"。这件事也让他彻底明白，必须依靠科学，依靠人才。

在摸爬滚打的创业实践中，徐传化深刻体会到，企业要持续发展，必须依赖科技，开门办厂，从家族化走向社会化，延揽高素质人才，借助社会资源发展。当时徐传化从杭州丝绸工学院邀请了第一位专家级人才李盈善教授加入传化集团，在李教授的帮助下自建实验室，开始精细化工自主研发之路。

徐传化说：

有困难我不放弃。我不认识字，但我会动脑筋。

┃第128天┃

企业家28：张轩松

张轩松（1971—）：福建永辉集团有限公司董事长。

致富能力：★★★★★★

学习系数：7.0

国籍：中国

第一桶金：张轩松高中还没毕业就出来工作，先后做过啤酒代理商、批发商等，后来成为福州5家啤酒厂的总代理，赚取了第一桶金。从1995年起，他先后在福州市鼓楼区开办了古乐微利超市、榕达自选商店。1998年8月，他在福州市火车站地区开办永辉超市，开始了传奇的超市创业之路。

创富锦囊1："另辟新径，开创生鲜超市新模式。"张轩松很早就接触超市行业，但是一直做不大也做不强。尤其是在20世纪90年代末一些大卖场大兴的时候，似乎一些小型超市已没有立足之地。但是张轩松经过深入细致的调研，开创了另外一种超市模式，即将"家庭主妇、上班族"定位为主要客户群，商品以农副产品为主，创造性地摒弃一般超市主营服装、日用品、家电的模式，经营以海鲜、农副产品、餐桌食品为特色的超市和连锁店。2001年3月，福州永辉屏西生鲜超市开业，作为福州首家"农改超"超市，其率先开创了"生鲜食品超市"这种全新业态经营农贸超市的模式。同年4月，张轩松创办了福州永辉超市有限公司。在选址方面，张轩松将永辉超市开在了居民区、次干道及城乡接合部，为超市生存发展赢得了空间。张轩松后来说："这是一块空白的市场，永辉可以避免和实力雄厚的洋巨头正面交锋。沃尔玛、麦德龙等洋超市不可能介入生鲜超市这一领域，也就不可能对永辉构成威胁，除非他们把产业链做大。做生鲜需要本土化的专业人才。"经过10多年的发展，永辉集团已成为以零售业为龙头、以现代物流为支撑、以食品工业和现代农业为两翼、以实业开发为基础，市场区域覆盖福建、重庆和北京三地的大型企业集团。

创富锦囊2："不断创新，开创永辉超市持续发展力。"虽然永辉超市不属于高科技企业，但是张轩松一直非常重视创新，包括商业模式和管理运营的创新。第一是合伙人体系创新，鼓励让年轻人成为共同创业者；第二是供应链的变革，从包装、商品架构、产地等供应链环节进行全方位的改革；第三是把商业模式和服务模式结合技术进行改革，永辉超市已经在大数据、后台智能化等方面逐一开始变革。

例如，永辉超市现在主推的"超级物种"，已经成为结合新消费时代，让年轻人成为客户，汇集沙拉、牛排、海鲜等产品的"超市+餐饮+互联网"概念店。

张轩松说：

（1）在这个经济飞速发展的时代，企业的发展不能再只追求数量，而是要以科技创新为动力，追求高质量发展。

（2）勤劳、创新、总结、沟通，这就是我成功的全部秘诀。

（3）永辉的发展理念一直都是"竞合"理念。永辉从来都不回避竞争，相反，通过竞争取得发展是最好的方式。

企业家29：李洪信

李洪信（1953—）：山东太阳纸业股份有限公司董事长兼总经理，被业界称为"造纸大王"，2018年荣获"安永企业家奖"。

致富能力：★★★★★★

学习系数：7.0

国籍：中国

第一桶金：1982年，李洪信在全村父老乡亲的信任和重托下，接手了一家靠3万元贷款起家的作坊式村办造纸厂。1985年，他在全面了解国内外纸业市场后，顶住压力，淘汰当时走俏市场的包装纸，转型做"二号箱纸板"，赚取了人生第一桶金。

创富锦囊1："精益求精、科技引领。"李洪信有"匠人之心、匠人之行"。自1982年创业以来，李洪信一直追求产品的高品质、高质量，他认为只有做出美到极致的产品，才能在激烈的市场竞争中脱颖而出。他坚定地认为只有靠技术才能让产品达到极致之美。太阳纸业先后成立博士后科研工作站和院士工作站、国家企业技术中心、上海新材料技术中心等高层次的科研创新平台，其多种生产技术工艺和产品填补了国家、世界的空白。李洪信在技术研发方面舍得投入，鼓励试错。所以太阳纸业的产品无论是铜版纸、文化纸、食品卡纸还是生活用纸，一旦上市，立刻受到高端市场的追捧，很容易吸引客户、打动人心。

创富锦囊2："以员工为重，共同进步成长。"难能可贵的是，李洪信一直认为企业是社会和公众的，企业的价值是客户、员工、社会以及合作伙伴共同创造的，因此必须做到"共赢"才能赢天下。太阳纸业的员工的工资在业内是最高的，李洪信坚信必须让企业与员工共赢，员工才能充分感受到在太阳纸业工作的价值和幸福。

李洪信说：

不忘初心，坚守主业，一辈子干好造纸这件事，拉长产业链条，实现产业链上产品的多元化、产业化和价值最大化，把造纸做到极致。

▌第130天▌

企业家30：梁允超

梁允超（1969—）：汤臣倍健的创始人、董事长。

致富能力：★★★★★★

学习系数：8.0

国籍：中国

第一桶金：梁允超曾在广州一家国企工作过，后来辞职进入太阳神集团工作，并由基层人员一步步晋升为华东区负责人。1995年，梁允超再次辞职，创建了自己的公司。

创富锦囊1："诚信为重，质量优先。"梁允超倡导"诚信比聪明更重要"的企业经营理念。梁允超掌控的汤臣倍健拥有国内保健食品行业内首个"透明工厂"，是全球领先、品控严格的膳食补充剂生产基地之一，并率先在行业内开放厂房供各界参观，全球原料可追溯，生产过程全透明，近200项内控检测项目严于国家标准，以严苛要求打造让人放心的高品质产品。梁允超坚信诚信乃立厂之本，"在信息不对称的情况下，诚信和透明显得尤为重要"。汤臣倍健的定位不是为客户，而是为家人和朋友生产高品质的营养品。同时，汤臣倍健还注重解决人们的健康问题和提升生命质量。

创富锦囊2："聚焦战略，无为而治。"梁允超是难得的深谙管理精髓的老板。他一年待在公司的时间估计不到七天，甚至会让出自己的办公室，除了报销自己的费用及代表董事会确定年度预算，他多年不在公司文件上签字。虽然汤臣倍健在全球拥有20多个国家的100多个顶尖原料供应商，掌握国内近30000个销售终端网络，但他几乎不参加商务谈判。这就是梁允超的管理之道——不再管公司的具体业务，而是高度聚焦于公司的战略。梁允超认为每个人的精力和能力都是有限的，没有了日常事务的干扰，他可以拥有更多时间去学习，去全球参观、考察不同的企业，和更多不同领域的人沟通，沉下心来分析和消化海量信息。看似"无为而治"的管理方式，却为汤臣倍健带来了漂亮的业绩。

梁允超说：

（1）既以为人，己愈有；既以与人，己愈多。

（2）尊重和享受是我自己最看重的两点，我试图把它们融到企业行为当中。在我看来，每个生命都是平等的，人来到和离开这个世界都是一样的平等，要在既有的条件下尽量享受生命的过程。你可以不喜欢一个人，但你必须尊重每个人。

▌第131天 ▌

企业家31：温鹏程

温鹏程（1962—）：广东温氏食品集团股份有限公司董事长。

致富能力：★★★★★

学习系数：7.0

国籍：中国

第一桶金：温鹏程高中毕业后，就在家从事养鸡行业，后来当上了新兴县簕竹镇养鸡场场长。1989年，他凭着自己的努力当上了新兴县簕竹养鸡中心经理，在家禽养殖尤其是养猪方面积累了经验，赚取了第一桶金。

创富锦囊1："勇于创新，温氏模式创奇迹。"在温鹏程的努力下，他和父亲管理的簕竹养鸡场逐步拓展。后来温鹏程认识到仅靠养鸡场的"小打小闹"成不了大事，于是他提议采取"场户结合""代购代销"的方法，与周边的农户进行合作。于是"公司+农户"的温氏模式横空出世，推动了企业和农户的双成长。在此模式下，很多股东都成了当时难得的"万元户"。温鹏程并没有放下模式改造的步伐，他创造性地提出打造纵向和横向的产业结构，即纵向产业结构以养鸡为核心，建立一个产、供、销一条龙服务的纵向生产销售系统；横向产业结构以养鸡为主，建立包括饲料、动物保健品、屠宰加工、农牧设备等在内的配套产业，形成科、工、农、贸为一体的横向产业结构。如今，温氏集团已经从单一养鸡的小企业，发展成为拥有上下游全产业链的现代农牧企业集团。

创富锦囊2："科技引领，技术领先。"养鸡最担心遇上鸡瘟。为了

防控养鸡的风险，温鹏程与父亲逐渐认识到，企业要发展，风控必须要跟上，而做好风控必须要科技先行。温氏父子逐一说服股东，很快建起了每个单位三房一厅的"专家楼"，成功邀请华南农业大学动物科学系的相关专家及人员以技术入股的方式加盟温氏集团，同时拿出公司10%的股份换取对方的技术支持。有了高校科技力量的支持和合作，温氏集团获得了快速扩张的技术支撑，专家的指导培育使温氏集团的发展更上一层楼。

温鹏程说：

（1）我们打算跳出以实业为主的传统发展思路，探索走实业经营与资本经营相结合的增长方式，发挥资本优势，走好企业经营的每一步。

（2）把清洁生产、污染物综合利用、生态设计和可持续发展融为一体，同时形成一套完整的生态健康养殖模式。

（3）乡村要振兴，必须坚持质量兴农、绿色兴农。

▌第132天▐

企业家32：阮水龙

阮水龙（1935—）：浙江龙盛集团股份有限公司创始人。

致富能力：★★★★★

学习系数：7.0

国籍：中国

第一桶金：阮水龙读到高小即出外自食其力，他卖过水产、零布等。21岁回乡务农，做过会计、出纳、粮食专管员。1970年任上虞县沥海公社微生物农药厂厂长，1979年任上虞纺织印染助剂厂厂长，积攒了管理经验和资金。

创富锦囊： "吃苦耐劳的拼命三郎。"35岁的阮水龙于1970年和13名职工一起创办了一家微生物农药厂，当时要钱没钱、要设备没设备、要技术没技术，阮水龙便四处借钱、拼设备、讨技术，省吃省喝，自己试制和投产农药。熬到1979年，阮水龙为了挽救工厂，卖了自家两头母猪，不吃不喝连夜坐火车到上海一家化工厂参观，后来发现染料助剂的工艺流程和制造微生物农药的过程很相似，就下定决心自己研制产品。经过几个月的打拼，阮水龙从上海拖来设备，借来化学制剂，终于推动龙盛CPU树脂正式投产，当年就赚了11.5万元。1992年，龙盛集团生产的染料助剂年销售额已近1亿元。阮水龙几乎一年365天都在厂里忙乎，他除了工作还是工作，时间都放在跑工地、下车间、查现场上，他热爱工作到了"拼命三郎"的境界，就是这种工作激情影响了整个龙盛集团。阮水龙作为老一辈的企业家，其吃苦耐劳、艰苦奋斗的精神，是年轻一代应该学习的。

阮水龙说：

（1）化工企业必须坚定不移地走生态环保之路，坚决杜绝污染，否则前面的路会越走越窄。

（2）龙盛集团不单要做经济业绩的"领头羊"，更要做好社会公益事业的"慈善梦"。

▌第133天▌

企业家33：魏建军

魏建军（1964—）：长城汽车股份有限公司董事长。魏建军、韩雪娟夫妇以340亿元财富位居2019年胡润百富榜第86位。

致富能力：★★★★★★

学习系数：7.0

国籍：中国

第一桶金：1990年，魏建军承包了位于保定城南负债累累的南大园乡长城汽车厂，当时厂里只有60多名员工，魏建军通过逐步改造和改革，打了一个又一个翻身仗。

创富锦囊："精益生产，重在执行。"魏建军学习日本企业的"精益生产"是整个行业都熟知的。学习日本精益生产的企业很多，但是真正肯下苦功夫去研究、去执行的没有几个。魏建军对精益生产方式和观念的学习，到了痴迷的程度。到日本出差时，他用1万元购买了一批精益生产方面的书籍，又花了30万元请人翻译成中文，让公司内部的人员学习这些书籍。当时，与丰田生产方式有关的书，以及与丰田现金流、哲学、优秀员工培养相关的书，长城人都看遍了，而且大都是企业内部的人翻译的。魏建军在组织学习的同时，还通过各种形式的交流会，让表扬和反省同步进行。为了落实学习的效果，长城汽车的每一项精益活动都有考核，并与绩效挂钩。同时，魏建军抓精益生产，还会与"疯狂抓执行、玩命提品质"以及降低成本和提高效益结合起来，这样的执行力打造出长城汽车强大的竞争力和生命力。

魏建军说：

（1）一定要学到底，全面学。

（2）不管什么技术，掌握在自己手里才踏实。

（3）造汽车挺自豪的，汽车产业竞争激烈，其中有很多乐趣。

（4）我是从骨子里就喜欢专注技术研究的汽车人，内心始终怀有一份坚持，希望以更高的品质，践行对消费者的承诺。

▮ 第134天 ▮

企业家34：黄文仔

黄文仔（1953—）：星河湾集团董事长。

致富能力：★★★★★

学习系数：7.0

国籍：中国

第一桶金：1982年，黄文仔开始下海做生意，他的第一份工作就是在供销站卖猪肉，后来开始做钢材贸易，完成了最初的积累，短短两年时间就赚了上百万元。

创富锦囊1："聚焦产品，品质第一。"自1994年创立宏宇企业集团进入房地产行业至今，黄文仔始终坚持建中国最好的房子，把自己全部的心血放在建造美好生活社区之上。从做产品到做作品，再到做精品，黄文仔始终如一，不求最大只求最好，外界为此提出了一个专有名词"黄文仔尺度"（第一把尺是超越销售，第二把尺是超越行业标准，第三把尺是超越专业标准，第四把尺是超越价值，第五把尺是超越自我）。黄文仔带着这些"尺度"，凭借自信、执着甚至是偏执的态度，从南到北一路披荆斩棘，带领星河湾走出一条不可复制的成功之路。2001年，黄文仔一手打造的拥有江边栈道、豪华装修、水景园林的广州星河湾开盘，不到一个月，18万人涌入星河湾参观和购买，星河湾揭开品质大盘时代的序幕。所以业界一直在说："中国楼市看广东，广东楼市看华南，华南楼市看星河湾。"2017年，黄文仔又对星河湾提出了更高的要求：下一个五年，星河湾要做"钻石级企业"。他说："我希望星河湾的产品像钻石那样，完美而稀缺，有温度有情怀，其神韵、其内涵永远无法复制。"

创富锦囊2："坚持坚定，说一不二。"黄文仔的生活很有规律，而且对既定的事情非常坚持，这是企业家的必要素质之一。黄文仔很喜欢打网球，每周二、周五晚上8点都是他打球的时间，雷打不动。2004年10月，欧盟主席桑特来华期间参观星河湾，当时黄文仔与他一起共进晚餐，到了8点，黄文仔对桑特说："对不起，我打网球的时间到了，请见谅。"

黄文仔说：

（1）我是开发商，但我流着道德的血液。

（2）我希望每一座星河湾都能成为城市的名片。

（3）所有看不见、摸不着但感觉得到的东西，都是由看得见、摸得着的东西来支撑的。

（4）这么多年以来，我去工地现场检查超过3000次，我亲手修改的图纸超过1万张，我亲自指挥种植的树木超过10万棵。

（5）避开急功近利的泥潭，聚焦高质量发展，会成就更多优秀的企业，中国民营经济会迎来更加美好的明天。

┃ 第135天 ┃

企业家35：车建新

车建新（1966—）：红星美凯龙家居集团股份有限公司创始人、董事长、总经理。

车建新是一位典型的爱思考的企业家，他通过树木剪枝得到启示，明白记忆思维对学习的重要性。从美学上的"通感"，来研究让知识转化为能量的创新思维。他甚至研究并独创出有关企业管理和人力资源开发方面的观点与做法，并与人力资源专家魏志勇合著《人力资源开发与管理》一书。红星集团的企业管理和人力资源方面的实践，成为中国第一个被编入MBA参考读本的民营企业案例。

致富能力：★★★★★★

学习系数：6.0

国籍：中国

第一桶金：1986年，车建新借了600元，制作了第一套家具。第二年，他便创办了一个小家具作坊"青龙木器厂"，开始了创业之路。

创富锦囊："顺大势而为，抓机会而变。"车建新熟知大势在企业发展中的重要性。他非常讲究谋略，深谙《孙子兵法》的"顺势而为"，并把这种策略巧妙地运用到市场开拓与管理中，时刻保持头脑清醒。同时，他又非常注重变革和改造。1996年，车建新在考察完沃尔玛回国后，开始了大刀阔斧的战略大调整，关停19家商场，只保留5家优势商场。随后集中"人、财、物"改造升级旧商场，重塑红星商场的新形象。后来，车建新把工厂转给一个副总，自己集中力量做商业，快速扩张红星家居卖场，把红星美凯龙的大卖场开到了跨国竞争对手的门口。

车建新说：

一个人只要有匠心和创新，就一定能成大事；一个企业的人都有匠心和创新，这个企业就一定能成功；一个国家的人都有匠心和创新，这个国家就一定能兴旺。

▌ 第136天 ▌

企业家36：李书福

李书福（1963—）：浙江吉利控股集团有限公司董事长，沃尔沃轿车公司董事长。

致富能力：★★★★★★★

学习系数：7.0

国籍：中国

第一桶金：1982年，19岁的李永福高中毕业，拿着父亲给的120元做起了照相生意，赚了一些钱。1986年，李书福靠着制造冰箱及冰箱零配件开始创业。1993年进入摩托车制造业，1997年进入汽车制造业，开始了他传奇的汽车制造之旅。

创富锦囊1："忘我，执着，坚定。"李书福有着强烈的进取心，他抓住机遇并大胆尝试，"认准的事绝不放弃"，始终有一种忘我的精神和境界。虽然在外人看来像是"傻"和"愣"，但他淋漓尽致地表现出这种执着精神。尤其在后来收购沃尔沃的过程中，他遇到的困难非常多、非常棘手，其中任何一项都可能将交易逼进死胡同。融资难，他几乎找遍了国内外的基金、银行；知识产权难，他带着团队与福特进行了艰苦的多轮谈判；工会方面难，他多次赴哥德堡，约见工会代表。这里面的艰难辛酸只有李书福最清楚。

创富锦囊2："抗压，抗挫，总结。"李书福在发展征程上也吃了不少苦，经受了不少挫折。1992年，海南房地产热潮风卷全国，李书福带着几千万元赶赴海南做地产项目，结果全部都赔了。2001年3月，吉利集团与广州足协签订合同，成立广州吉利足球队，随着吉利足球队冲A失败，形势急转直下。2001年10月，吉利集团宣布退出中国足坛。但是李书福从来没有气馁，他不断地总结失败经验，愈挫愈勇，一次一次战胜困难挫折，攀登了一个又一个高峰。

李书福说：

（1）我是在浙江台州一个贫穷落后的山村长大的。第一不怕苦，第二不怕穷，第三喜欢致富。

（2）我决定要研究、生产汽车，真没有太多的人相信。大家都认为中国在汽车工业领域已经没有优势了，只能与外国汽车公司合资或者合作才有可能取得成功。但我相信，中国一定会成为世界上最大的汽车市场。

（3）做事情必须认准一个方向，坚定一个信念，提炼一种精神，凝聚一股力量，完成一个使命。一定要打基础、练内功。

（4）不能急功近利。要想实现梦想，就必须脚踏实地遵守事物的客观规律，播下希望的种子就会带来光辉的前景，埋下罪恶的祸根就会带来无情的灾难。

（5）企业长期可持续发展的前提必须是依法合规、公平透明，必须以人为本，合作共赢。

▌第137天▐

企业家37：丁建通

丁建通（1940 —）：361° 品牌创始人。

致富能力：★★★★★

学习系数：8.0

第一桶金：20世纪80年代初，丁建通向亲朋好友借了2000元，在自己家里开设小工厂生产鞋子。小工厂的员工是4个子女，每天能生产5双皮鞋。丁建通每天骑着脚踏车出去卖鞋子，就这样开始了创业之路。

创富锦囊："踏踏实实、勤勤恳恳，一步一个脚印创实业。"丁建通几乎没上过学，不过他心灵手巧，会吹唢呐、拉二胡，还能当设计师画图。丁建通回忆说，他在40多岁时选择创业，那时就像中了邪一样，走在路上看到人家的鞋子好看，就一直跟着人家盯着鞋研究，回家画下鞋样，然后自己生产。创业初期，丁建通至少画了几千双鞋样。他工作起来废寝忘食，根本不知道下班时间。丁建通的鞋厂就是这样一步一步建立起来的。在创业后的第13年，丁建通才拥有了自己的制鞋公司——别克（福建）鞋业有限公司。又发展了一段时间，"别克"品牌正式更名为"361°"。这个名字是丁建通起的，寓意转了360°之后的那1°才是你的起点。

丁建通说：

（1）我至今仍不懂KTV为何物，是一个只懂干活的本分农民。

（2）当时我（学制鞋）学得很着迷，走在路上都会盯住别人穿着的鞋看，回家后就照样子用剪刀剪、用锤子敲。

┃第138天┃

企业家38：王卫

王卫（1970—）：顺丰速运（集团）有限公司总裁，位列2019福布斯中国慈善榜第35位。

致富能力：★★★★★★

学习系数：7.0

国籍：中国

第一桶金：20世纪90年代初，王卫经常往返于香港与内地，有时会受人之托捎带货物出入境。于是，王卫从父亲那里借了10万元和几个伙伴合作成立了专送快件的公司。1993年在广东省顺德市注册成立了顺丰公司，创业初期公司只有6个人。

创富锦囊："大数据，大物流，快创新，快快递。"顺丰的成功，很大程度上得益于王卫的能力和才智。不过，王卫掌控下的顺丰，最厉害的还是它的大数据和物流配送机制。我们试想一下，每天都有数以百万件计的快递在庞大的信息系统中高效运转，而顺丰能在激烈的快递市场竞争中获胜，就是依靠王卫所建立的庞大的物流配送网络。另外，还有媒体总结顺丰的成功是得益于"三个快"：速度快、布局快、创新快。这也表明了王卫的掌控力和创新力是非常强大和前卫的。

王卫说：

（1）我走上物流的道路是偶然且必然的。20世纪90年代初，我经常往返于香港与内地，有时会受人之托捎带货物出入境。我觉得这是一个商机，便开始筹划办快件公司。

（2）如果这事（顺丰快递员被扇耳光事件）我不追究到底，我不再配做顺丰总裁！

▌第139天▌

企业家39：徐万茂

徐万茂（1945—）：华茂集团股份有限公司董事局主席、华茂教育集团董事长、宁波华茂外国语学校董事长。

致富能力：★★★★★
学习系数：7.0
国籍：中国
第一桶金：徐万茂家境贫寒，曾做过当地竹编厂的厂长。1978年，徐万茂正式接手校办的华茂工厂。
创富锦囊："规范化、人性化管理。"徐万茂在华茂集团注重"以投资为纽带、以人才为根本、以制度做保证，一切服从于华茂事业的整体发展"的管理理念。在华茂集团的"企业文化纲要"里，明确提出了具有华茂特色的"三个独特"：独特的企业文化——以社会效益带动经济效益为核心的企业文化；独特的产业结构——文教产业、教育事业相互促进并形成"产、学、研"于一体的高端产业链；独特的管理理念——制度大于总裁，搭建公平、公开、公正的创业舞台。为了适应规模化、集团化的管理体制，应对国际一体化的市场竞争，他逐步推行了一整套适合华茂集团的管理措施。在华茂集团最高领导层的董事局9名成员中，包括了4名不是股东的管理、技术、营销、财务方面的高级人才，参与公司重大核心问题的决策。徐万茂还大力推行"制度大于总裁"的运行原则，不管是总裁还是员工，不管是亲属还是外聘人员，都得遵章守纪，按制度办事。同时，徐万茂在华茂集团强调人的价值观、道德、行为规范等"本位素质"在企业管理中的核心作用。在这种人性化的"企业文化"管理理念下，华茂集团的员工有很强的归属感和成就感。华茂集团在徐万茂的带领下走出了一条以人为本、制度第一的管理之道，赢得了快速发展的机会。

徐万茂说：

（1）到华茂集团来工作，不是谁为谁打工的事，而是来实现自己的人生价值、社会价值，说到底就是在为社会打工，为社会创造价值。

（2）资源要共享，同行是兄弟。

（3）华茂发展到今天的规模，绝不是靠恶意竞争、抢生意发展而来的。

▌第140天▌

企业家40：丁磊

丁磊（1971—）：网易公司创始人，现担任网易公司董事局主席兼首席执行官。

致富能力：★★★★★★★
学习系数：7.0
国籍：中国

第一桶金：丁磊1993年毕业于电子科技大学，1997年创办网易，3年后网易公司在纳斯达克上市。2003年，32岁的丁磊成了中国首富，他是中国仅有的三个在30岁左右就成为首富的人之一（另外两个分别是陈天桥和黄光裕）。丁磊的第一桶金绝对是分量最重的一桶金。

创富锦囊："稳扎稳打，锲而不舍。"丁磊与吴晓波的访谈，最能体现他的心智和精神。吴晓波向丁磊提问，20年来，如何能在"鱼大水大"的互联网里让网易稳居前列？丁磊回答说，答案的核心不外乎两个字："文化"。丁磊认为，网易的根基就是企业文化。他用以色列做类比："以色列在农业、高科技，包括医疗等方面的创新都是遥遥领先的，是什么让以色列进入强国之列？是它的文化。"对于网易的企业文化，丁磊自己就用"稳扎稳打、专注、锲而不舍"这三个词总结。"我们更愿意在自己熟悉的领域里面做好自己的事情，不熟悉的领域，我们一律不碰。"事实上，比起追风口和投资，丁磊显然更看重对自身的产品和所在领域的专注。在以往的采访中，丁磊曾自评是个"90分的产品经理"，对产品品质、用户体验有着极致的追求。

丁磊说：

（1）立在风口上成功活下来的企业，往往是商业模式清晰、创新的少数派。

（2）如果公司里有具备团队精神、有学习能力、善于沟通、有强烈进取心这四种能力的同事，会让他带领一个业务部门试试看。

▮ 第141天 ▮

企业家41：雷军

雷军（1969—）：小米科技创始人、董事长，著名天使投资人，全国工商联副主席。

致富能力：★★★★★★★
学习系数：7.0
国籍：中国
第一桶金：雷军大学三年级时帮人开发软件赚到了100万元，这是他的第一桶金。

创富锦囊："坚持梦想，自律自制。"雷军是很全面的创业家和投资人，他的成功可以说是全方位的。不过，最令人敬佩的还是他的坚持、执着以及自律。正是有了他的坚持，才使他在离开金山团队后又回到金山团队，最终带领整个团队完成上市，并让金山成为如今最大的多元化民族软件企业之一。后来在小米公司创建和上市过程中，雷军的付出让人看到一位坚持梦想、执着前行的企业家的标配作风。同时，他又是一个有梦想、肯帮人的人。作为天使投资人，他帮助了无数创业者实现自己的梦想，投资的项目包括卓越网、逍遥网、尚品网、乐讯社区、UC优视、多玩游戏网、欢聚时代、拉卡拉、凡客诚品、乐淘、可牛、好大夫等。

雷军说：

（1）我特别害怕落后，担心一旦落后，我就追不上、我不是一个善于在逆境中生存的人，我会先把一件事情想得非常透彻，目的是不让自己陷入逆境。我是首先让自己立于不败之地，然后再出发的人。

（2）我办小米的这10年时间里，几乎没有时间去孤独，人生过得特别充实。

┃第142天┃

企业家42：黄峥

黄峥（1980—）：拼多多董事长兼首席执行官。

致富能力：★★★★★★★

学习系数：9.0

国籍：中国

第一桶金：黄峥2002年本科毕业于浙江大学，2004年获得美国威斯康星大学麦迪逊分校计算机硕士学位后加入美国谷歌，2006年回国参与创立谷歌中国办公室。黄峥在有了资金和经验积累后，于2007年从谷歌离职创业。

创富锦囊："开辟属于自己的蓝海。"2018年7月26日，拼多多正式登陆美国纳斯达克证券交易所，开盘价为26.5美元，较发行价19美元大涨39.5%，总市值超过330亿美元。拼多多从2015年9月成立到上市，仅仅34个月的时间，打破了之前由互联网金融企业趣店集团保持的中国企业从成立到上市的最短时间纪录。同时，拼多多以330亿美元市值超越了苏宁易购与唯品会，成为阿里巴巴与京东之外市值最高的中国第三大电商平台。

拼多多的成功有很多因素，包括资本的力量、模式的创新等。但是拼多多之所以能够在众多的网络销售平台和模式中开发出属于自己的一片天地，核心在于它的战略定位。黄峥一开始就把拼多多的核心目标用户从大家都关注的大城市的"精英群体"，转移到中小城市、县城、乡镇与农村的数亿人口上。同时，黄峥除了聚焦大城市之外的市场外，还充分利用社交网络的力量，创新花样用"拼团"的互动方式为消费者提供极具性价比的商品，为拼多多注入更多新鲜的元素。

有报道称，段永平、张震之所以如此相信黄峥，除了他在商业上的远见与执着外，更重要的是黄峥身上所具备的逆人性的低调、谦逊、自律、本分与淡泊名利。这就是黄峥不得不让人佩服的成熟和优秀之处。

黄峥说：

（1）最好的企业应该是不可比的。你独特，使得别人没法和你等量齐观地比。

（2）做商业不去赚钱，我觉得是不道德的，应该按照商业的逻辑去做一个本分的商人。

（3）永不放弃做正确的事，永不放弃为最广大人群创造价值。

（4）要怀有平常心，选择做正确的事，并想办法把事情做正确。

（5）创业和打高尔夫球相似——都是自己与自己的较量。可能每次面对的场景不同，但挥杆这一基本动作不变的。所需要的是保持平常心，把动作做得更标准。

（6）人的思想很容易被污染，当人对一件事情做判断的时候，往往要了解背景和事实，之后需要的不是睿智，而是面对事实时要有勇气，依然用理性、用常识来判断。

▌第143天▐

企业家43：庞康

庞康（1956—）：佛山市海天调味食品股份有限公司董事长、总裁。

致富能力：★★★★★

学习系数：7.0

国籍：中国

第一桶金：庞康大学一毕业便进入海天公司，1982—1988年任佛山市珠江酱油厂（佛山市海天调味食品股份有限公司前身）副厂长，积累了管理经验和资金。

创富锦囊："规模化、品牌化生产。"1994年，乘着邓小平发表南方谈话的春风，海天公司作为国有企业开始了股份制改革，并在年底重组为有限责任公司。庞康决心开始大规模生产，大胆投入3000多万元引进一条国外生产线，厂房的生产能力与效率大大提升，为企业规模化发展提供了良好的硬件设施。2005年，庞康推动年产量超100万吨的海天高明生产基地一期工程正式启动。早在1992年，庞康就启动了品牌战略，推出企业识别系统，在酱油行业中开创了全新的品类认知办法，让海天成了顾客心中的一种品类代表，也让"广东味"上升到"中国味"。为了进一步保持品牌策略的优势，1994年，庞康把公司名称改为佛山市海天调味食品公司，"海天"这个品牌被大众熟知，并一直沿用至今。

庞康说：

传统产业要发展，规模化是关键。

企业家44：霍英东

> 霍英东（1923—2006）：杰出的社会活动家，著名的爱国人士，香港知名实业家。1992年11月至1996年11月任香港中华总商会会长，香港中华总商会永远名誉会长。

致富能力：★★★★★★★

学习系数：9.0

国籍：中国

第一桶金：霍英东曾当过船上的烧煤工、糖厂的学徒、修建机场的苦力，也开过小杂货店营生。1948年，他远赴东沙岛与人合股经营打捞海人草的生意。20世纪40年代末，他从事海上驳运业务，由此开启创业生涯。

创富锦囊1："首创楼花售房法，进军地产创佳绩。"20世纪50年代，香港人口激增，各行各业迅猛发展，楼房供不应求。霍英东审时度势，认为香港房地产业必然会有大发展，所以早在1953年初，他就成立立信置业有限公司，准备开始经营房地产业。那时英国、美国、加拿大及中国香港的大地产商都是将房屋整幢出售的，由一个公司拥有整幢地产楼宇，房屋不易出售。霍英东当时向银行贷款建楼，利息一分多。他一改过去的做法，将房地产工业化，兴建住宅、写字楼、商场综合大厦，分层、分单元出售，并且预售"楼花"，提倡分期付款，受到买家的欢迎。通过创新大胆的做法，霍英东既快速回收了资金，又迅速打入了房地产行业，为下一步发展打下了坚实基础。

创富锦囊2："勇敢进军海底沙业，海沙大王谱新篇。"房地产业的发展带动了建筑材料业的发展，目光远大的霍英东已将眼光放在了海底沙上。霍英东一方面快速进军海沙生意，从海军船坞买来挖沙机器，用机械操作，提高采沙效率；另一方面通过投标，承包海沙供应，开创了挖海沙的新局面。后来，他更派人到欧洲重金订购了一批先进的掏沙机船和大挖沙船，加快自动化和机械化发展。同时，他进一步推进填海工程，建码头、避风港，铺设海底煤气管道以及海底排污管道，并在东南亚港口城市扩张，展现了过人的商业思维和才能，成为一代商业奇才。

霍英东说：

（1）回首往事，我仰不愧于天，俯不怍于人。

（2）我们老一代人对祖国和家乡的深厚感情，要传给下一代，让世世代代都爱国爱乡，支援祖国和家乡的建设。

（3）我出生时贫穷，但是我不可能一辈子都贫穷。

（4）人一生一定要做有意义的事。有钱，是给他一个机会，能对国家做自己的贡献。

（5）一个人要干成一番事业，其中放开眼界、抓紧时机、百折不挠、艰苦创业占95%的成功因素。

▌第145天▌

企业家45：王永庆

王永庆（1917—2008）：祖籍福建泉州安溪，生于台湾台北近郊。中国台湾著名的企业家、台塑集团创办人，被誉为台湾"经营之神"。

致富能力：★★★★★★★

学习系数：9.0

国籍：中国

第一桶金：1932年，王永庆的父亲王长庚将15岁的王永庆送到嘉义的一家米店当学徒，一年后，他向父亲借了200元创业。1942年，王永庆结束米店生意，用10年的积蓄在新店老家买下50亩土地。之后，王永庆转向发展木材生意，适逢合适的发展机遇，通过木材生意赚了5000万台币。

创富锦囊1："少年永庆不服输，营销有术开局面。"王永庆在米店当了一年杂工后，就自己开起了米店。那时，王永庆的米店只是一家小店，隔壁就是占尽优势的日本米店，城里大的米店都有各自的客源。但是年少的王永庆毫不惧怕，先是挨家挨户上门推销大米，免费给客户掏陈米、擦洗米缸，还在卖米之前把米中的杂物拣干净。慢慢地，王永庆凭着自己的干练、真诚和勤奋，迅速打开了新局面。随着米店生意越来越好，王永庆又筹办了一家碾米厂，把米的生意越做越大。在经营米店时，年纪轻轻的王永庆展现出来的一些细节堪称营销的经典案例，其中包括在送米上门的同时，留意这户人家有几口人、每天用米多少，由此判断需要多长时间送一次米、每次送多少米，以备下次按时按量送米上门；在擦洗米缸后记下米缸容量，还把新米放在下面、陈米放在上面；了解顾客家发薪金的日子，在他们有钱的日子去讨米钱。这些细节的处理实际上是营销经营的精髓所在。

创富锦囊2："逻辑思维、逆向经营，塑胶生意响彻世界。"20世纪50年代初，台湾塑胶产业化还不具备成熟条件，但王永庆想别人之不敢想，准备投资塑胶业。他并非打无准备之仗，王永庆事先进行了周密的调查分析，并向专家、学者讨教，拜访实业家，甚至私下到日本取经。经过详细的调研分析，王永庆发现台湾遍布烧碱生产地，每年有70%的氯气可以回收用来制造PVC（聚氯乙烯）塑胶粉。他认为，如今虽不是发展塑胶工业的最好时机，但已有了很好的条件。1954年，想干就干的王永庆和商人赵廷箴合作筹集了50万美元，创办了台湾岛上第一家塑胶公司，3年后建成投产，但首批100吨的产品只售出了20吨。王永庆的经营思路的确不同寻常，他得知销售额后，却下令扩大生产，这一举动使合伙人也萌生退意。在这样的情况下，王永庆背水一战，变卖了全部财产，买下了公司的全部产权。原来，王永庆深入研究过日本的塑胶生产与销售情况，当时日本的PVC塑胶粉的年产量是3000吨，而日本的人口不过是台湾的10倍，所以，他相信产品卖不出去，并不是供过于求，而是因为价格高。想要降低价格，就只有提高产量来降低成本。结果，市场的反应证明王永庆是对的。第二年，王永庆又投资创办了塑胶产品加工厂——南亚塑胶工厂，作为下游承接上游产品的直接单位。在王永庆的经营下，台塑公司和南亚公司双赢、双获利。从此，王永庆的PVC塑胶粉产量持续上升，从最初的年产1200吨发展到现在的100万吨，使台塑公司成了世界上最大的PVC塑胶粉生产企业。

王永庆说：

（1）如果我们透视财富的本质，它终究只是上天托付作妥善管理和支配之用，没有人可以真正拥有。

（2）天下的事情，没有轻轻松松、舒舒服服就能获得的，凡事一定要苦心追求，才能真正明了其中的奥妙而有所收获。

（3）追求舒适与快乐的代价，就是刻苦耐劳。

（4）一根火柴不过一毛钱，一栋房子价值数百万元，但一根火柴可以烧毁一栋房子。

（5）我个人认为，我们输给别人的地方是生活以及工作的观念和态度。

第146天

企业家46：郑裕彤

郑裕彤（1925—2016）：2015年福布斯香港富豪榜中，郑裕彤以150亿美元财富排行第三。

致富能力：★★★★★★

学习系数：7.0

国籍：中国

第一桶金：郑裕彤在抗日战争爆发后，辍学到澳门跟随周大福珠宝金行的老板周至元打工。1943年正式成为周至元的女婿，并于1956年继承了周大福珠宝金行。

创富锦囊1："积极进攻，永不言败。"1946年，郑裕彤赴香港设立了周大福分行，并一改原有的一股独大的公司治理结构，诚邀同事一起组建周大福珠宝金行有限公司，开创了香港珠宝业创建有限公司的先河。同时，他还不满足于做黄金饰品，准备投向钻石业，但是经营钻石生意必须获得"戴比尔斯"牌照（全球只有500张）才能采购钻石，当时香港只有廖桂昌拥有一张牌照。如果换了其他人，估计要打退堂鼓了，但郑裕彤竟然收购了南非一家拥有"戴比尔斯"牌照的公司，由此获得了钻石的经营权。

创富锦囊2："紧跟时代，投资房产成大亨。"1952年，郑裕彤看好香港房市，开始投资房地产，他先在跑马地兴建蓝塘别墅，随后又在铜锣湾建了香港大厦。后来，他与何善衡、郭得胜等人组建新世界发展有限公司，作为大股东，郑裕彤开始全面开发房地产。1982年，全世界超一流的豪华建筑新世界中心竣工。1986年，香港会展中心破土动工，引来了英国女王捧场，标志着郑裕彤的地产王国步入了巅峰时刻。

如今，郑裕彤的孙子郑志刚一手打造了K11购物中心，也开创了艺术与商业融合的商业地产典范，目前香港、上海、武汉和广州的K11都已经开业。

郑裕彤说：

（1）做人为什么要有架子？去吃云吞面便吃云吞面，去吃大排档便吃大排档，为何要约束自己？我们又不是没有穷过，我又不是一出生便是有钱人。

（2）做生意要胸襟广阔，不够阔做不了大事。当然，这个未必每个人都做得到。

（3）所有行业的兴衰都是有周期性的，在低潮时购进，总不会错到哪里去。

（4）做生意要有一定的利润，但不能只顾追求利润，降低质量，欺骗顾客。欺骗得来的利润，不叫利润，是"断肠痧"，脚踏实地做买卖才是致富的根本。

（5）其实，人的一生，"勤"字才是最重要的，然后是"诚"字，只要有了这两点，你的事业基本上就奠定了。

▍第147天▍

企业家47：李兆基

李兆基（1928—）：曾任恒基集团主席，有"香港地产大王""亚洲股神"之称，为香港顺德联谊总会荣誉会长、世界顺德联谊总会名誉会长。李兆基以301亿美元财富排名2019年福布斯全球亿万富豪榜第29位。

致富能力：★★★★★★

学习系数：7.0

国籍：中国

第一桶金：1948年到了香港后，李兆基在中环文咸东街泗利金号等几家金铺开始买卖外汇和黄金，赚了一些钱。

创富锦囊1："迎合客户需求，创新方法赢在销售。"20世纪50—60年代的香港，物业销售都是整栋出售。李兆基在了解市场，尤其是中等收入群体的需求后，决定实施"分层销售、分期付款"的销售方法。结果，李兆基、郭得胜和冯景禧3人联合创办的地产公司获利丰盛，并在香港地产界崭露头角。

创富锦囊2："开创内地新市场，把握大势赢在眼光。"早在我国改革开放初期的20世纪80年代，李兆基就力主投资内地，投资了广州中国大酒店和花园酒店等最早一批五星级酒店的项目，随后陆续进军北京、上海、深圳乃至武汉等地，喝到了内地投资的"头啖汤"，也为日后的多元化、多区域化发展打下了坚实的基础。

创富锦囊3："尽量贴近市场，亲力亲为赢在勤奋。"李兆基对待重要的事情，必定亲力亲为，包括早期做房地产，在找地、设计、销售方面，他经常亲自上阵。如在设计上，曾有一个广为流传的故事。20世纪80年代，他看到一张为中小家庭设计的房屋示意图后，对设计师说："中小家庭很少会在家里招呼亲戚朋友……因此客厅反而不必太大。多出的面积，应设一个浴室在主人房里，就更有特色了。"这种设计后来在香港风靡一时，迅速普及并被模仿。

李兆基说：

（1）财富的来源首先要靠国家，国家好了，地区好了，有好的环境，有好的机会，才能够令你产生财富。

（2）你要小心，要头脑灵活，要看远一点，要有眼光，要机灵，要懂得防守，如果贪胜不知输就会失败。

（3）做生意有攻有守，最后防线不要让人攻破了，在市道最差的时候你守得住，反弹的时候你就有最好的机会。

（4）我奉劝大家，一个人要奋斗，要有冲劲去做事。如果在年轻时认为"富贵于我如浮云"那就糟了。假如钱如浮云，那么就不用努力做事赚钱了，所以未成功的人不要说这句话。

（5）小生意怕食不怕息，大生意怕息不怕食。

（6）成功有四大基本法：第一是刻苦耐劳，勤奋努力；第二是经济未定，不宜早婚；第三是第一桶金，以钱赚钱；第四是"男怕入错行，女怕嫁错郎"。

（7）"小富由俭"是至理名言，因为第一笔本钱最重要，有了它作为基石，才易于成功。

▎第148天▎

企业家48：邢李㷧

邢李㷧（1949—）：香港思捷环球控股有限公司原主席兼CEO。

致富能力：★★★★★

学习系数：7.0

国籍：中国

第一桶金：邢李㷧虽然只完成了高中学业，但他"自信精明到令人印象深刻"。他在一家制衣厂学做生意时，认识了美国服饰品牌ESPRIT

的创办人，在1972年拿到了ESPRIT在香港的原料采购代理商资格。后来在1974年，邢李㷧借了2600港元与ESPRIT的创办人合作成立公司，拓展ESPRIT在亚洲地区的业务，由此开始了创富之路。

创富锦囊："坚持走品牌化、资本化和国际化道路。"邢李㷧绝对是一个思路非常清晰、视野非常开阔的商业奇才。他从一开始就高度重视品牌，买断ESPRIT品牌，坚持用实体店壮大经营。思捷控股先后在香港和伦敦上市，并大规模地开展并购活动，可以说是资产证券化让邢李㷧走得更稳更远。邢李㷧在国际化布局中也显得得心应手，主要体现在国际化业务拓展和国际化人才任用上，邢李㷧独到的眼光和广阔的胸襟让人佩服。

邢李㷧说：

（1）思捷不只是卖衣服，还是一种生活风格和态度。

（2）要吸引人才，必须让人才有发挥的空间。

▎第149天▎

企业家49：邓耀

邓耀（1934—）：中国内地最大女鞋零售商百丽国际的创始人。

致富能力：★★★★★

学习系数：5.0

国籍：中国

第一桶金：邓耀从学徒开始做起，经过多年的经验积累，在20世纪60年代创办了小型加工厂，并在20世纪70年代正式向女鞋专业发展。

创富锦囊："特许经营创先河。"邓耀很早就将眼光放在了内地市场。20世纪80年代后期，他开始大举进军内地并在深圳等地设厂。在假冒贴牌、假出口实内销等不良经营模式的冲击下，邓耀开创独有的"特许经营"模式，并以理说服经销商，甚至买下市场所有内销货品，凭借自身在内地市场的经验和名气，邓耀再把品牌带回香港发展，取得了空前的成功。

邓耀说：

（1）事事以理先行。

（2）我不要权力，但是我规定工厂生产的货品要有高品质，同时不可为其他公司生产，我是工厂的唯一买家。这样做，我的权力还不够吗？

（3）跟我合作的人一定要心胸广阔，不能私心太重，这样的人才可成就大生意。

（4）以我的工厂为例，员工的工资及福利都比别的厂好，但我要求的产品质量亦比别人的高，这样，对员工及股东也有好处。

┃第150天┃

企业家50：李文达

李文达（1929—）：香港"蚝油大王"李锦记第三代传人，现任李锦记集团主席。

致富能力：★★★★★★

学习系数：6.0

国籍：中国

第一桶金：家族传承。

创富锦囊："家族生意现代治理，不断创新，频出新招。"1972年，李文达出任李锦记集团主席一职，是李锦记的第三代领导人。他制定了新的业务方针及拓展策略，提出以市场为导向的营销观念，实施现代营销管理，将原先的品质保证部门独立出来，加大产品研发力度。李文达带领李锦记不断推陈出新，推出了熊猫牌蚝油、XO酱、辣椒酱、鸡粉、瑶柱蚝油等酱料以及豉油鸡汁、卤水汁、蒸鱼豉油等一系列方便调味品，产品由原先的2种增至现时的150多种。1992年，李文达特意聘请专业设计顾问公司为李锦记设计了一套全新的包装标识系统，统一招纸和标签，令消费者耳目一新。李文达也十分注重现代营销传播，开展了一系列广告及赞助活动，例如邀请香港歌星叶丽仪拍摄电视广告。总之，自李文达出任李锦记集团主席40多年来，凭借他出色的业务能力，李锦记的业务倍增。现在，李锦记的业务除酱料及食品外，还拓展至地产、运输、包装、健康产品等方面，业务遍布欧洲、美国、加拿大、东南亚等地。

李文达说：

我十几岁就踏足社会，从商逾70年。饱尝酸甜苦辣，阅尽人生百态，感悟智慧能量。在我的一生中，有时代的烙印，有企业发展的缩影，有家人的溺爱，有朋友的帮助，有我矢志不渝的追求，更有可循的规律和智慧的光亮，让我走过风云跌宕。

❙ 第151天 ❙

企业家51：张茵

张茵（1957—）：玖龙纸业（控股）有限公司董事长，广东省工商联副主席，以365亿元人民币排名2018年胡润百富榜第65位，排名2019年福布斯中国最杰出商界女性排行榜第6位。

致富能力：★★★★★★

学习系数：7.0

国籍：中国

第一桶金：1985年，军人家庭长大的张茵只身到香港打拼，开展废纸收购业务；1年多后，张茵就开始与中国内地的一些造纸厂合作经营。1988年，张茵在东莞建立了独资造纸厂，主要生产生活用纸。

创富锦囊："要做就做最好，不断追求更优产品。"成功不是随随便便就能取得的，这在张茵身上体现得更加明显。在香港做纸业的很多，但敢于降低废纸杂质和水分的，是从张茵开始的，哪怕受到黑社会的恐吓，她也不退缩；意识到当时国内纸的生产质量低劣的生意人也不少，但是敢于到林业发达、用原木造纸的美国回收废纸，也是从张茵开始的。2006年，张茵以270亿元人民币超过黄光裕，成为中国第一个女首富。

张茵说：

（1）埋头做自己的事。

（2）我很认同一句话："心有多大，世界就有多大。"

（3）努力去做好，尽力去做好，尽力了就不应该有压力。这是我对压力的看法。

（4）每个人在人生旅途中都会经历不同的阶段，平衡好自己的心态最重要。同时，也要常常去检讨自己，学会珍惜身边的人和事，这样才能保持淡定平和的心境。

▌第152天▌

企业家52：李贤义

李贤义（1952—）：信义集团（玻璃）有限公司董事局主席，被誉为"玻璃大王"。

致富能力：★★★★★★

学习系数： 6.0

国籍： 中国

第一桶金： 李贤义15岁辍学，20世纪80年代初只身闯荡香港。后来自己创办了一家小型汽配公司，只聘了1名员工，开始了创富之路。

创富锦囊： "看准时机勇转型，内地闯出新天地。" 1985年，李贤义在香港已经发展得不错，但眼光敏锐的他看到祖国崛起带来的巨大商机，毅然决定回深圳创业，将辛苦积攒了数年的积蓄投入安全玻璃及其配套产品的生产。他生产的汽车玻璃70%以上出口，企业的业务遍及北美洲、澳洲、欧洲和中东等60多个国家和地区。2001年，他向美国福特汽车提供配套服务，成为福特汽车全球供货商之一。2003年，他又返回香港设立了当地首个汽车玻璃生产基地。经过持续的努力，如今他的企业占有全球维修用挡风玻璃和

侧窗玻璃市场12%的份额，打造出一个名副其实的"玻璃王国"，旗下玻璃工业规模全球排名第三。2005年2月3日，信义集团（玻璃）有限公司的股票在香港挂牌上市，李贤义"玻璃大王"之称显而易见。

李贤义说：

（1）我们信奉的是诚信和义气。

（2）我们公司的核心价值观就是"信誉至上，义气争荣，自强不息，善待天下"，所以我们一直把慈善公益事业作为企业发展之后最重要的一项工作。

▌第153天▐

企业家53：林百里

林百里（1949—）：广达电脑董事长。

致富能力：★★★★★★

学习系数： 7.0

国籍： 中国

第一桶金： 1966年，林百里考进台湾大学电机系，毕业后，他与好朋友温世仁一起设计出台湾第一台电脑。随后创立三爱电子等企业，赚了一些钱。

创富锦囊： "吃苦耐劳，灵活处世。"林百里在台湾是个外地人，没有根基，没有背景，他从一个贫民变为亿万富翁是台湾商界的一大传奇。林百里的吃苦耐劳是熟知他的人都称道的。早年他曾亲自背着电脑推销，并现场演示、拆装，走街串巷去推销，但他却不舍得买饮料和小吃。他的汗水和毅力，让业界的人敬佩不已。然而，林百里不是只懂得吃苦耐劳的拉车人，他的脑子转得快，经营有方，特别是在营销上百折不挠、新意频出。在创业早期，有一次向客户推销电脑时，客户直接把电脑扔在地上，而林百里却说，这说明他卖的电脑质量很好，摔都摔不坏。正是凭着这份智慧和韧劲，林百里的电脑公司逐步成为全球最大的笔记本电脑生产商之一。

林百里说：

公司太早上市，就像卖还未成熟的水果，人们吃了要拉肚子。公司上市要对大众负责。

▮ 第154天 ▮

企业家54：蔡志明

> 蔡志明（1945—）：旭日国际集团董事长，世人称之为"玩具大王"。

致富能力：★★★★★

学习系数： 7.0

国籍： 中国

第一桶金： 1969年，蔡志明中学预科毕业，进入一家玩具厂担任推销员。1972年，蔡志明与人合资创办旭日玩具厂，不过第二年合伙人就退股，他独自经营5年才开始发展壮大工厂并赚到钱。真正让蔡志明赚到第一笔钱的是帮史努比做代工。

创富锦囊： "早期专业化，后期多元化。"蔡志明早期曾经帮史努比

玩具做代工，逐步积累了代工经验和技术。1994年，他大胆并购了美国一家合金玩具车大厂，为他的玩具伟业助力一大步。后来蔡志明把玩具厂开到深圳和韶关等地，一步步巩固了"玩具大王"地位。从1992年开始，蔡志明在巩固玩具业的同时，也开展多元化经营，尤其是投资物业酒店、商业地产等，拓宽了创富的路径。

蔡志明说：

玩具是我的兴趣，是我的始业。

▌第155天▐

企业家55：伊藤雅俊

伊藤雅俊（1924—）：日本著名企业伊藤洋华堂的创始人。

致富能力：★★★★★★

学习系数：6.0

国籍：日本

第一桶金：1956年，伊藤雅俊从亲友手中凑得资金，创办了只有6.6平方米的洋华堂店铺。

创富锦囊："传统思想，积极思维。"伊藤雅俊白手起家，把一个洋华堂小店铺，做到了一个拥有1.2万家分店、32万名员工的超级大集团，靠的是坚守传统商人的"诚信""感恩"和"艰苦劳作"等优良品质。但传统并不代表保守，他的国际化视野，尤其是在中国的扩张之路，值得所有商人学习。

伊藤雅俊说：

公司最大的财富不是金钱，而是信赖，包括顾客的信赖、供应商的信赖和员工的信赖。

▌第156天▌

企业家56：森氏家族

> 森氏家族：以森代吉郎为首的森氏家族被《时代》杂志誉为"拥有亚洲的家族"，森代吉郎曾在1991年成为世界首富。他的两个儿子森稔和森章继承家业，将森氏地产发扬光大。尤其是森章，更是传承了他父亲的创新、谨慎和开拓的精神，他在上海历经艰辛，开发建设了上海环球金融中心（2008年竣工）。

致富能力：★★★★★

学习系数：6.0

国籍：日本

第一桶金：在东京继承家族稻米生意的日本经济学教授森代吉郎，看到一片废墟的街区，敏锐地觉察到这是一个开发房地产的绝佳机会，于是开始在东京市区的黄金中心地带购买土地，兴建写字楼。由此，森氏家族开启了创富之旅。

创富锦囊1："大胆转型，进军地产创财富。"森代吉郎当初从家族稻米生意转型到房地产行业，是非常有远见和胆识的。20世纪60年代，随着日本经济的高速增长，日本大城市对写字楼的需求猛增，这让森氏地产得到了长足的发展。

创富锦囊2："大胆创新，地产开发出新意。"森代吉郎注重房地产项目的创新，1986年竣工的"阿克新城"就是创新的代表作。这个历时10多年才建成的建筑群，开创了日本建筑的"Hills"理念，即多功能开发和利用土地，恢复绿色生态，倡导人与自然和谐共存，其花园式建筑是东京一道亮丽的风景线。

森稔说：

我继承家族事业后，一开始，盖的高楼越多越自豪，但是盖了20栋以后，我逐渐认识到盖大楼不是终极目标，有责任感的开发商应当为促进社会均衡发展做贡献。就这样，我不再一味地追求数量，而是走综合开发之路，要建造能够维持百年以上的建筑物。

森章说：

我不喜欢探险，也不爱预测未来。

┃第157天┃

企业家57：孙正义

孙正义（1957—）：软件银行集团的创办人、董事长兼总裁。2014年，阿里巴巴在美国上市，孙正义当年以166亿美元的财富成为日本首富。孙正义为2017年度和2018年度全球最具影响力人物之一。2019年，以216亿美元的财富排名福布斯全球亿万富豪榜第43位。

致富能力：★★★★★★★

学习系数：9.0

国籍：日本

第一桶金：孙正义早年的赚钱经历堪称神奇和完美。1973年，16岁的孙正义越级进入加利福尼亚大学伯克利分校攻读经济学学位。两年后，18岁的孙正义在校园里贩卖一种从日本引进的电子游戏，获利100万美元。1976年，孙正义利用美国喷气推进实验室的资源，将袖珍发声翻译器的专利卖给夏普公司，赚到了第二个100万美元。

创富锦囊："投资未来，投资领头人，看中就坚定不移。"孙正义的软银帝国也经历过巨大的失误和挫折（包括斥资200亿美元收购Sprint），但是孙正义凭着执着和慧眼，带领软银通过投资并购，取得了令人瞩目的成绩。最为大家所称道的，莫过于在阿里巴巴初创期（当时马云还默默无闻，阿里巴巴还是一家规模不大的电子商务公司），孙正义投资了2000万美元巨款。后来阿里巴巴上市，拥有阿里巴巴近28.5%股权的孙正义获得了空前的成功。孙正义还以1.02亿美元收购雅虎33%的股权，以31亿美元收购美国的齐夫·戴维斯集团全部股权，以及投资今日头条、滴滴等。

孙正义独到的眼光从他投资的企业名单中可见一斑，阿里巴巴、盛大网络、雅虎、新浪、网易、当当网、携程网、人人网等，都为他带来了不俗的收获。

孙正义说：

（1）创业必须具备的重要素质是志向、想象力和战略。

（2）任何事业，如果不去彻底追求、彻底研究的话，就无法尝到成功的果实。

（3）一旦下决心成为第一，便积极朝着这个目标努力迈进，这是我个人的工作信条。

（4）男人仅仅有聪明，并不能够成就大事业。如果一个男人不执着愚直，他就不会成长。男人的人生从挫折开始。

（5）我在创建软银公司的时候，没钱也没有经验，同时也没有生意上的关系，仅有的是热情、激情，还有一个成功的梦想。

▍第158天▍

企业家58：系山英太郎

> 系山英太郎（1942—）：26岁任中曾根康弘（日本第71—73任首相）的秘书，30岁便拥有了十几亿日元的资产，是唯一连续20多年登上福布斯全球亿万富豪榜的日本人。

致富能力：★★★★★★

学习系数：7.0

国籍：日本

第一桶金：系山英太郎的父亲佐佐木真太郎曾经是日本首富，但系山英太郎成为日本巨富是依靠自己的本事。系山英太郎当过二手汽车推销员，曾在一年之内卖掉77辆汽车，创下该行业的新纪录，并为公司盈利4000多万元。

创富锦囊："要么不干，要干就要将打架的战术用在对抗商业对手上。"无论在政界还是在商界，无论是销售汽车还是投资股市，系山英太郎从来不服输，他总是集中力量，发挥逆向思维的作用，不达目标不罢休。尤其在丰田汽车、三井矿山和神户电铁等项目上，系山英太郎赚足了资本，被誉为"日本巴菲特"。

系山英太郎说：

（1）赚钱是一门永无止境的学问。

（2）我很喜欢"终身学习"这句话。碰到不懂的事情，我不会搁着不管，反而会拼命去寻求答案。

（3）我关注社会的所有动态，因为它们都关系到我的投资活动。换句话说，只要没有特别的事情，我每天都窝在房间里，研究股票，努力赚钱。即使外出，我也积极观察和掌握资讯。我想一般人可能做不到吧。

▌第159天▐

企业家59：三木谷浩史

三木谷浩史（1965—）：日本乐天株式会社（Rakuten）创始人。

致富能力：★★★★★

学习系数：5.0

国籍：日本

第一桶金：三木谷浩史先后在一桥大学商学院和哈佛大学商学院就读，并曾在日本兴业银行工作过。从银行辞职后，他创办了一家咨询股份公司——克里姆森集团，赚取了第一桶金。

创富锦囊："拥有野心和冒险精神，推动乐天不断发展壮大。"三木谷浩史是一位典型的具有强烈征服欲望和冒险精神的企业家，目前乐天股份公司占据了日本零售商总数的近一半份额，但三木谷浩史的野心并不止于"日本第一"，他的梦想是打败亚马逊，"力争成为世界第一大互联网服务公司"。

另外，三木谷浩史对国际化、英语化有独到的看法，他倡导"企业英语化"，要求所有员工都必须在两年内学会英语，否则将被降级或辞退。

三木谷浩史说：

（1）我必须在有生之年试试人生的可能性。

（2）我觉得我的责任是早点做出一个成功的模式，让别人可以说，"如果三木谷浩史做得到，那么我也做得到"。

▌第160天▐

企业家60：李秉喆

李秉喆（1910—1987）：韩国最大的跨国企业三星集团的创始人。

致富能力：★★★★★★★

学习系数：7.0

国籍：韩国

第一桶金：1936年，李秉喆和几个朋友合伙创办了协同精米所，开始做粮食加工生意。虽然协同精米所第一年亏本，不过经过李秉喆的努力经营，第二年就赚回了成本。1938年，李秉喆创立三星商会，慢慢靠做贸易和面粉加工生意积累了经验和资本。

创富锦囊1："用人不疑，疑人不用，以人为本。"很多生意人滥用所谓"霸道管理"，只知压制员工而不关爱员工，这样的老板不值得跟随。李秉喆是韩国企业界公认的爱才惜人的大企业家。李秉喆时刻强调，"三星第一"精神的基础,永远是"人才第一"主义。他不但说口号,还落实在行动上。"我把我一生80%的时间都用在育人选贤上了。"他还经常用自己的方式来表达对下属的信任和关爱,喜欢在公众场合高度表扬下属,甚至有一次看到一个社长嘴唇裂了,第二天就把配好的药给这位社长。有这样的好领导,三星的成功也就水到渠成了。

创富锦囊2:"敢出击,勇放弃,不言败。"李秉喆的创业致富之路真可谓艰辛至极。一次次的商业成功,都曾因时局的变动变得寸步难行,甚至一无所有,但李秉喆每一次看准了就大胆出击,然后在合适的时机果断放弃,重新再来。在他的字典里没有"失败"二字。从一开始的粮食加工生意、购买土地、做贸易生意,到后来涉足制造业,每一次的转型,都伴随着难以想象的障碍和困难,但李秉喆从不言败,选择坚定不移地走下去。最终,他创立了为世人惊叹的三星集团。

另外,值得一提的是,李秉喆做事之前所做的调查研究工作之精深,可能被大多数人忽略了。他为了在中国东北做贸易生意,曾历时两个多月,把韩国的所有大城市和中国北京、青岛、上海、长春、沈阳等城市走了个遍,并做了详细的调查研究。这一点,值得每一位创业者学习。

李秉喆说:

当我看到所培养的人才成长起来,崭露头角,创造出优秀的业绩时,我兴奋的心情便油然而生。

▌ 第161天 ▌

企业家61:郭鹤年

郭鹤年(1923—):被称为"亚洲糖王""酒店之

王"，是"金龙鱼""香格里拉""中国大饭店"品牌的持有人。郭鹤年以950亿元人民币的财富排名2019年胡润全球富豪榜大中华区第15位。

致富能力：★★★★★★

学习系数：7.0

国籍：马来西亚

第一桶金：郭鹤年大学毕业后，于1947年在新加坡成立了他的首家公司。20世纪50年代中期，他回到马来西亚成立了民天有限公司，自此开始了垄断糖业的创业之路。

创富锦囊1："做专做精，一心扑在糖业上。"在投资糖业之前，郭鹤年专门远赴英国进行关于糖业发展的市场调研和专业学习，对全球糖业市场有了全面了解后，他回到马来西亚创办了当地第一家制糖厂，随后迅速建立覆盖全境的销售网点，并自己开垦甘蔗种植园，投资糖期货贸易。到20世纪70年代，郭鹤年的企业已经控制了全球市场10%、马来西亚市场80%的糖业份额，年纪轻轻的郭鹤年成了名副其实的"糖王"。

创富锦囊2："多元化经营，不断做强做大企业。"在积累了原始资金后，郭鹤年并没有停下脚步，而是有的放矢、重点出击，先后投资面粉厂、酒店业和传媒、影视业。郭鹤年凭一己之力打造了"香格里拉"这个知名品牌，收购了香港《南华早报》和无线电视，他的投资再一次获得成功。

郭鹤年说：

（1）我的心分成两半：一半爱我生长的国家，一半爱我父母生长的家乡。

（2）我像风筝一样随风飘荡，奔走在世界各处，每年在家的时间没有超过一周……我的生意迫使我不断向前，不能停步。

▌第162天▌

企业家62：陈江和

陈江和（1949—）：曾获2008年和2018年"中华慈善奖"。

致富能力：★★★★★

学习系数：7.0

国籍：印度尼西亚

第一桶金：17岁的陈江和中学没毕业就出来打工，一开始开了一个机车店，做零件供应商，积攒经验和资金。1967年，年仅18岁的陈江和成立了金鹰公司，开始做石油工程。积累财富后，在20世纪70年代中期，陈江和创建了一家生产三夹板的工厂。

创富锦囊1："看准商机，大胆转型。"陈江和早年做过零件供应、石油工程等，后来他瞄准了木材生意，他发现印度尼西亚的原木料出口贸易，多是将木材加工后又高价卖回印度尼西亚，中间的利润都被吃掉了。看到商机之后，他千辛万苦找到印度尼西亚的产业部部长去审批生产准许证，并承诺，建一家夹板厂一般需要两年，他大概14个月就能建成。最后，陈江和提前一个月完工。1975年，印度尼西亚总统带了7位部长参加了陈江和的新厂剪彩仪式。

创富锦囊2："看准时机，多元化发展。"1982年，陈江和到芬兰考察后，决定进军浆纸业，并挑选了偏远的科林奇作为基地。一开始，大家都不看好这个基地，但是陈江和硬是在这个当时常住人口不足5万人的小地方建立起全球最大的人工速生林基地，成了综合型跨国工业集团——亚太资

源集团的发源地。

陈江和说：

（1）万事开头难，不过总要勇敢跨出第一步，脚踏实地，量力而为，不耻下问。遇到风险时要冷静应对，全面思考，分析风险的本质和根源，加以控制和解决。

（2）我现在做什么事情、从事什么行业，都会考虑"三个有利"，也就是要对政府有利，要对当地的人民有利，最后才是对企业有利。

（3）生意靠信任，而信任是由点滴的行动建立起来的。

（4）创业过程中，挫折比较多，我不怕做错，只怕每次犯同样的错误。只要下决心去面对，找到解决办法，总能挺过来。

▌第163天▌

企业家63：米基·加提亚尼

米基·加提亚尼（1952—）：蓝玛克集团创始人、董事长。

致富能力：★★★★★

学习系数：5.0

国籍：印度

第一桶金：米基·加提亚尼是印度裔移民，出生于科威特，曾在伦敦会计学校上学。1972年，米基·加提亚尼回到印度，双亲和哥哥却相继去世。后来，他不得不接手哥哥留下的零售店，开启了艰辛的创业之路。

创富锦囊："将心比心，挖掘市场。"米基·加提亚尼作为移民和留学生曾经旅居他乡，他更懂得这个世界上移民的心理和需要。所以，他聪明地把零售生意聚焦在波斯湾地区的移民身上，将心比心，用心对待，这使得他的零售业务越做越大，越来越有名气。最终，他建成了中东地区最大的零售王国，成了当地有名的富商。

米基·加提亚尼说：

只要仔细观察，你就会发现赚钱的秘密。

▋第164天▋

企业家64：郑鸿标

郑鸿标（1930—）：马来西亚华人银行家，大众银行创始人。

致富能力：★★★★★★★

学习系数：9.0

国籍：马来西亚

第一桶金：郑鸿标先后在华侨银行、马来亚银行工作过，并在1964年升任吉隆坡马来亚银行总经理。1966年，他获得马来西亚政府颁发的最后一张银行牌照，创办了大众银行，任董事长兼总经理。

创富锦囊："稳积蓄，快拓展。"大众银行创建之初，马来西亚普通民众的储蓄意识还没有建立起来，银行业也一直由外资银行垄断，要打开局面难上加难。但郑鸿标没有气馁，他先做好调查，选择"错位发展"的方式，确定以普通民众为主要服务对象，运用一切可以宣传的渠道，诚心对人，用心服务，大力推动民众在大众银行储蓄，终于打开了市场，在马来西亚银行界赢得了一席之地。

同时，郑鸿标在拓展银行业务和客户等方面毫不懈怠，他不断创办新的分公司、拓展版图，尤其是收购香港亚洲商业银行，为进军大中华区市场打牢了基础。

郑鸿标说：

（1）我最大的心愿，是让大众银行成为世界的百家顶尖银行之一。

（2）无论是受雇人士或者企业家，凡是能够以专业手法创立事业，而且又肯付出时间与精力去做的人，他们都有无限的发展空间。

▌第165天▐

企业家65：张勇

张勇（1971—）：海底捞创始人。张勇、舒萍夫妇以550亿元人民币的财富居2018年胡润百富榜第34位。

致富能力：★★★★★★

学习系数：7.0

国籍：新加坡

第一桶金： 1988年张勇从技校毕业后，进入四川拖拉机厂工作了6年。1994年，23岁的张勇在两次创业失败后，同女友舒萍、技校同学施永宏及朋友李海燕，4个人凑了8000元，置了4张火锅桌，正式开办第一家海底捞火锅店。

创富锦囊："机制为王。"有人说海底捞的经营模式就是注重为客户服务。为客户服务确实是海底捞的招牌，但是，单靠服务，绝对做不到现在500多家分店的规模，这背后更多的是张勇等创始人逐渐琢磨出来的"机制"在起作用。在海底捞，没有利润、利润率、单客消费额、营业额、翻台率等餐饮行业最常见的考核指标。张勇认为，不能因为考核利润致使给客人吃的西瓜不甜、擦手的毛巾有破洞、卫生间的拖把没毛了还继续用等问题出现。所以，张勇把这些所谓的关键指标全部去掉，只考核柔性指标。"我发现，在餐饮行业里，柔性指标起决定性的作用。顾客满意度可能没办法用指标去描述，但我们可以感知。一家餐厅好不好，我们其实非常清楚。"正如张勇强调的，"机制，永远在研究机制。我怕风停，我就摔死了。"

2018年9月26日，海底捞（06862）在港交所上市，每股发行定价为17.8港元，开盘涨5.62%，报18.76港元。如今，海底捞市值千亿港元，成为全球第五大餐饮企业。

张勇说：

（1）像我这样没有上过大学，没有背景，还不认命的人，只有一条路可以走，就是别怕辛苦，别怕伺候别人。

（2）安全是我要控制的，除此之外，品牌是我要管的，战略是我要管的，投资是我要管的，其他的事情跟我没关系。

第166天

企业家66：史蒂夫·施瓦茨曼

> 史蒂夫·施瓦茨曼（1947—）：世界最大的私募股权基金黑石集团的创始人。2007年被《财富》杂志评为全球25位最具影响力商界领袖之一。

致富能力：★★★★★★★

学习系数：9.0

国籍：美国

第一桶金：史蒂夫·施瓦茨曼先后就读耶鲁大学和哈佛大学商学院，毕业后在一家小公司工作两个月后，转而进入当时华尔街知名投资银行——雷曼兄弟公司（2008年金融危机后破产）工作。凭着过人的才华，史蒂夫·施瓦茨曼31岁就成为雷曼兄弟公司的合伙人，并获取了丰厚的薪金。后来，他离开了雷曼兄弟公司，开创了属于自己的黑石帝国。

创富锦囊1："不气馁、不放弃，坚韧不拔、永不言败。"史蒂夫·施瓦茨曼从雷曼兄弟公司辞职后，在弱肉强食的华尔街创建了私募基金公司，但是当时谁愿意投资只有两个合伙人的黑石集团呢？史蒂夫·施瓦茨曼硬是一家一家地上门向客户推销，但是"19个最有希望的投资者一个接一个地拒绝了我们，488个潜在的投资者也拒绝了我们，那真是最令人难堪的时刻"。最终，皇天不负有心人，索尼总裁盛田昭夫给了他们收购哥伦比亚唱片公司的生意，美国保险及证券巨头保德信公司也决定投资1亿美元，后来通用电气总裁杰克·韦尔奇也进行了投资，黑石集团的第一只基金居然吸引了32个投资人。

创富锦囊2： "秉持非敌意收购的观念，赢得对手尊重。"华尔街的敌意收购往往把收购成本无限制提高，直接导致被收购企业的债务猛增，以此来获得利益。史蒂夫·施瓦茨曼却执意为黑石制定"不做敌意收购"的基本原则。这让黑石集团成为令企业尊敬的，乃至连对手都愿意与之合作的公司。

史蒂夫·施瓦茨曼说：

（1）没有人仅凭自己就可以成功，你需要人帮你。在一个文明的社会里需要一个"支持系统"去帮助人们成功，我很幸运能碰上这样的人。

（2）只要你能给投资者足够的回报，让他们赚回更多的钱，他们就会主动来找你。实际上是我们自己改变了环境。

（3）我最大的职责其实是尽力猜透人的心理，我需要了解人们行事的动机。

（4）在一些凭借天赋就能胜任的工作上我们游刃有余，享受工作的快乐，有些工作则相反。对我来说，从事金融业是很神奇、很美妙的事，金融业是一所要用一生来学习的大学。

▌第167天▐

企业家67：谢尔登·阿德尔森

谢尔登·阿德尔森（1933—）：拉斯维加斯金沙集团的董事长兼首席执行官，2019年排名福布斯全球亿万富豪榜第24位。

致富能力：★★★★★

学习系数： 6.0

国籍： 美国

第一桶金： 谢尔登·阿德尔森是真正的商业天才。他12岁就懂得借200美元租下两个摊位，在街头卖报纸。30岁时，从事媒体广告业务的谢尔登·阿德尔森，通过投资一本计算机杂志，凭借一己之力，在拉斯维加斯创办计算机供货商展览会COMDEX并积累巨额财富，最终使COMDEX成为全球最大的计算机展会。

创富锦囊： "无中生有：在海域兴建金沙赌场。"从会展业转移战场到博彩业，谢尔登·阿德尔森瞄准了大中华区唯一一个承认赌博合法的地区——澳门。作为后来者，谢尔登·阿德尔森另辟蹊径，他与政府谈判，让政府允许他在码头建立临时赌场，随后更获批在一片水域上兴建赌场。随着水上赌场的建立，直至2006年，谢尔登·阿德尔森打败了澳门"赌王"何鸿燊，成为澳门第一大赌场大亨。

谢尔登·阿德尔森说：

（1）为什么不能？我就是敢做梦，才有今天的财富。

（2）只要做对了，财富就会像影子一样紧紧跟着你，就算你赶也赶不走。

（3）光有好的产品是不够的，最重要的是要理解行业发展的方向。

▎第168天▎

企业家68：杰夫·贝佐斯

杰夫·贝佐斯（1964—）：全球最大的网上书店Amazon（亚马逊）的创始人，曾入选1999年《时代》周刊年度人物。2019年1月，被美国杂志评选为"过去十年影响世界最深的十

位思想家"之一。杰夫·贝佐斯以1310亿美元的财富排名
2019年福布斯全球亿万富豪榜第1位。

致富能力：★★★★★★★
学习系数：9.0
国籍：美国

第一桶金：杰夫·贝佐斯从普林斯顿大学毕业后，进入纽约一家高科技公司工作。两年后，25岁的他成为美国信孚银行有史以来最年轻的副总裁。1990年，杰夫·贝佐斯与别人组建了基金交易管理公司。后来，杰夫·贝佐斯在父母和朋友的资助下，用30万美元创办了亚马逊公司，开创了网上图书销售的新纪元。

创富锦囊："时刻强调以客户为中心。"杰夫·贝佐斯的成功有很多因素，但是我们总结出最重要的一条，也是他自己认为最重要的一条，即"时刻强调以客户为中心"。杰夫·贝佐斯曾说："目前来说，帮助我们成功最重要的是以客户为中心的精神，而非以竞争对手为中心。"亚马逊作为全球最便宜的网上书店之一，几乎天天都在打折。2000年，亚马逊出资6000万美元与网络快运公司合作，就是为了让商品能够在一个小时之内送到顾客手中。杰夫·贝佐斯还建立了一个以购物网站为中心的互联网社区，里面提供了"读者书评"和"续写小说"栏目，杰夫·贝佐斯也积极参与其中。单这两项创新之举，就为亚马逊增加了近40万名的顾客。

杰夫·贝佐斯说：

（1）成功没有神奇妙方，关键是要抢在别人前面。

（2）最初我们就是以客户为出发点，现今只是回到起点。为了服务好客户，我们学习所有需要的技巧，研发所有需要的技术。

（3）亚马逊成功的原因：顾客至上、创造、学会忍耐。

❚ 第169天 ❚

企业家69：迈克尔·戴尔

迈克尔·戴尔（1965—）：个人电脑品牌戴尔的创始人。迈克尔·戴尔以343亿美元的财富排名2019年福布斯全球亿万富豪榜第25位。

致富能力： ★★★★★

学习系数： 6.0

国籍： 美国

第一桶金： 1984年，在大学时期，迈克尔·戴尔先后注册成立"PC有限公司"和"Dell计算机公司"，自己动手组装电脑，并以较低的价格卖出去，由此开了电脑直销的先河。

创富锦囊1： "创新电脑销售模式。"迈克尔·戴尔取消了所有电脑销售的中间环节，采取电脑直销的方式进行销售，而且不生产零配件，只进行组装和直销。由此，戴尔公司开创了网络直销电脑和为用户量身定做电脑的灵活经营模式。

创富锦囊2： "二次创业创收购天价。"迈克尔·戴尔敢想敢干，投资670亿美元收购EMC（易安信），是世界科技史迄今为止最大的收购案。戴尔与EMC的结合，推动了技术与产品的完美结合，为更好地服务客户提供了技术支撑。2017年，戴尔公司实现营业收入628亿美元。

迈克尔·戴尔说：

（1）我觉得一些常规的智慧可能是错的。如果你想要开辟一项业务的话，那这项业务应该有很强的特殊性，它不应该是教科书当中能够读到或学到的，而是其他人不会同意你去做的。

（2）我无法告诉大家具体应该怎么做，所以你们必须找出自己的道路来。

▌第170天▌

企业家70：查尔斯·厄尔根

查尔斯·厄尔根（1953—）：Dish Network（碟形网络）的创始人和董事长。

致富能力：★★★★★
学习系数：9.0
国籍：美国

第一桶金：查尔斯·厄尔根和妻子以及好友一起成立了EchoStar（回声星通信）（Dish Network的前身），专门取得特许经营权，分销卫星接收设备，赚了第一笔资金。

创富锦囊1："控制成本有妙招。"注册会计师出身的查尔斯·厄尔根非常重视成本的控制。他要求公司要将收费降到比有线电视还低的水平，前提还要控制住成本。特别是在与死对手休斯公司的竞争中，他甚至从小公司购买专利技术，请未注册的公司制造机顶盒，设计自己的收视指南，降低运营成本。

创富锦囊2："内外有别创佳绩。"查尔斯·厄尔根对自己的客户和分销商有着难以想象的耐心，他可以花几个小时一直听他们诉说，还在自

己的电视网上举办脱口秀，亲自接听客户电话，分享客户的故事。但是对外，在竞争对手面前，他是谈判和出击的高手。

查尔斯·厄尔根说：

（1）那会儿我又当会计，又挖洞，还要往里面装水泥。

（2）我是个身高只有5.11英尺（1英尺≈0.3048米）的小个子前锋，平日在赛场上练就的与大个子抗衡的本领至今令我受益匪浅，让我能够率领一家公司去跟那些大规模的公司一争高低。

▌第171天▐

企业家71：菲尔·奈特

菲尔·奈特（1938—）：被誉为"天才"和"怪才"，是耐克品牌的创始人。

致富能力：★★★★★★

学习系数：9.0

国籍：美国

第一桶金：1962年，田径运动员出身的菲尔·奈特向父亲借钱，之后与他的田径教练一起创业（各自出资500美元），成立蓝带公司（Blue Ribbon），开始从日本进口球鞋。后来，菲尔·奈特意识到品牌和专利的重要性，于是开始设计并创建自己的耐克品牌，最终成就了耐克的商业传奇。

创富锦囊1："重视品牌。"虽然菲尔·奈特一开始做的是球鞋的进口生意，但他很快就意识到，一定要有属于自己的品牌。后来他看中了朋友设计的"钩子"标志，立即以35美元买下了所有权和使用权，又采用了员工关于名字"耐克"的提议，由此开启了耐克的商业之旅。

创富锦囊2："重视名人效应，推动跨越式发展。"菲尔·奈特最让人印象深刻的举动是，在1984年，他独具慧眼地让耐克与年仅21岁的"飞人"乔丹签约。此后的18年间，乔丹成为耐克的品牌形象代言人，几乎全美国的男孩都穿耐克鞋，耐克借此机会"一飞冲天"。

菲尔·奈特说：

我们一直在分析世界变化的情况，以及我们如何做出反应。

▌第172天▌

企业家72：吉姆·戴维斯

吉姆·戴维斯（1943—）：New Balance（新百伦）总裁。

致富能力：★★★★★

学习系数：6.0

国籍：美国

第一桶金：吉姆·戴维斯曾是一位马拉松运动员。1972年，吉姆·戴维斯用2.5万美元的积蓄和贷款得来的资金，买下了有着66年历史的制鞋品牌New Balance，开始了自己的创业路。

创富锦囊："慢跑实干。"吉姆·戴维斯这家高级定制的制鞋企业，

当时只有6个员工，鞋子日产量最多30双。为了扩大产量，吉姆·戴维斯想到了一个很土但很实用的办法，那就是慢慢积累常见的鞋子尺寸，做了18个楦子，才开始提高产量、累积存量。吉姆·戴维斯秉承"慢工出细活"的原则，不作秀，不投机，也不找明星代言，就靠一家一户地去介绍产品。同时，吉姆·戴维斯在接手New Balance品牌后，一直保持高标准、高满意度的经营初心，不断在产品的材质、外观和舒适度上做文章。最后，皇天不负有心人，里根总统倡导慢跑运动，更穿了New Balance的鞋子去跑步。由此，吉姆·戴维斯的New Balance品牌鞋被誉为"总统慢跑鞋"。吉姆·戴维斯就是靠着这样的实诚和坚守，把New Balance做到了美国运动鞋第二大品牌，并为自己赢得了财富。

吉姆·戴维斯说：

我对生活毫不讲究，喜欢简单的东西。

▎第173天▏

企业家73：史蒂夫·乔布斯

史蒂夫·乔布斯（1955—2011）：美国发明家、企业家，苹果公司的联合创办人，曾任Pixar动画公司的董事长及行政总裁。史蒂夫·乔布斯在计算机业界和娱乐业界的成就可谓举世瞩目，他先后主导推出iMac、iPod、iPhone、iPad等风靡全球的电子产品，被誉为"改变了世界的人"。

致富能力：★★★★★★★

学习系数：9.0

国籍：美国

第一桶金：史蒂夫·乔布斯自小就迷恋电子学和电子产品。1976年，他与伙伴斯蒂夫·沃兹尼亚克组装出自己的第一台电脑。随后，史蒂夫·乔布斯和斯蒂夫·沃兹尼亚克在车库成立了自己的公司，并命名为苹果公司，同年7月做了第一笔50台整机电脑的生意。

作者的话：对于这个天才，已经有太多的言语去叙述，有太多的人去膜拜。在这里，我只想简要地说说自己的感受。史蒂夫·乔布斯身上流淌的血液以及所体现的思想，正是真正的伟大的企业家精神所在。他的特立独行，他的开放创新，他对美和艺术的追求，他的大无畏的勇气，他的专注力、聚焦力、创造力和纯净、高洁的品质，都值得我们去体味。

史蒂夫·乔布斯说：

（1）求知若渴、虚心若愚。

（2）那些疯狂到以为自己能够改变世界的人，才能真正改变世界。

（3）你想靠卖糖水来度过余生，还是想要一个机会来改变世界？

（4）你的时间有限，不要浪费于重复别人的生活，不要让别人的观点淹没了你内心的声音。

（5）你不能只问消费者要什么，然后想法子给他们做什么。等你做出来时，他们又要求新的东西了。

（6）佛教中有一句话："初学者的心态。"拥有初学者的心态是件了不起的事。

▌第174天▌

企业家74：杰克·泰勒

杰克·泰勒（1922—2016）：美国规模最大、最具竞争力的汽车租赁公司——企业租车公司的创始人、董事长兼CEO。

致富能力：★★★★★

学习系数：7.0

国籍： 美国

第一桶金： 1957年，杰克·泰勒辞去汽车经销商的工作，用17辆汽车在圣路易斯市创建了属于自己的汽车租赁公司——企业租车公司。

创富锦囊1： "以客户为中心。" 杰克·泰勒曾说："只要你照顾好客户和员工，利润自然就会增长。" 事实上他也是这样做的。他从早期就开始要求员工要接送客户，并以客户实际需要为中心，比如客户突然发病，杰克·泰勒就要求员工要陪伴客户家人把客户送到医院就诊。

创富锦囊2： "转变运营模式。" 杰克·泰勒的成功在于，他不局限于传统的租车方式。当他发现有客户要求能够提供短期租车业务时，他就马上改变租车方式，开展短期租赁，等到他的竞争对手反应过来时，企业租车公司已经在长短期租车上走得更远更稳了。

创富锦囊3： "创造客户市场。" 从创业开始，杰克·泰勒就注重租车路线的设计。他将重点放在城市郊区，而非租车的常规地区——闹市和机场。杰克·泰勒有自己的一套主张，即为遭遇交通事故、需要汽车维修或汽车被偷之后的非常规消费者提供服务，更绝的是，他把营销推广活动聚焦在汽车保险经纪人和保险理赔顾问等专业人士身上，收到了奇效。1996年，企业租车公司打败老牌公司赫兹租车，成为北美最大的租车公司之一。

杰克·泰勒说：

（1）到没有市场的地方去。

（2）把客户和员工放在第一位，利润自然就会来。

▮第175天▮

企业家75：拉里·埃里森

拉里·埃里森（1944—）：拉里·埃里森是一个技术天才。32岁之前，他是一事无成的普通人；20年后，他凭着甲骨文公司带来的财富成为硅谷首富。2019年福布斯全球亿万富豪榜中，拉里·埃里森排名第7位。拉里·埃里森热衷于冒险，他甚至可以驾驶战斗机做空中特技表演，并参加了美洲杯帆船赛。更有趣的是，拉里·埃里森还在电影《钢铁侠2》中饰演他自己——甲骨文公司创办人。

致富能力：★★★★★

学习系数：5.0

国籍：美国

第一桶金：1977年，33岁的拉里·埃里森牵头与合伙人鲍勃·迈纳、埃德·奥茨出资2000美元，成立了一个数据研究软件开发公司Software

Development Laboratories，这就是后来大名鼎鼎的甲骨文公司的前身。当时，拉里·埃里森拥有该公司60%的股份（他出资1200美元）。

创富锦囊1："慧眼识金，关键信息里找商机。"1976年，IBM（国际商业机器公司）一名研究人员发表了一篇里程碑式的论文《R系统：数据库关系理论》，系统介绍了关系数据库理论和查询语言（简称"SQL"）。当时的IBM固守原来的层次数据库产品IMS（Information Management System），而拉里·埃里森看了这篇文章后，敏锐地意识到在此基础上可以研究开发商用的数据软件系统，随即于第二年与两个合伙人创建了数据研究软件开发公司。

创富锦囊2："积极求变，摆脱追兵靠创新。"20世纪90年代，甲骨文公司犯了几次错误，不得不裁员，并导致业绩下滑。同时，它最大的竞争对手Sybase（赛贝斯公司）正猛追上来。在这样的情况下，拉里·埃里森大胆对Oracle（甲骨文）数据库进行更新换代，最终重新抢回市场份额。

创富锦囊3："竞争也要盈利，人才留不住就直接投资。"1999年，拉里·埃里森的得力干将马克·贝尼奥夫离开了甲骨文公司，并创建了自己的新公司Salesforce（赛富时）。拉里·埃里森见留不住人才，就斥资200万美元直接入股Salesforce。后来，虽然Salesforce也成为甲骨文公司的竞争对手，但是拉里·埃里森始终持有Salesforce的股份，并不断从中得利。拉里·埃里森的火眼金睛和高明运作令人佩服。

拉里·埃里森说：

（1）钱不是最主要的，我真的想和我喜欢或者佩服的人一起工作。甲骨文公司招聘人才有一个原则：如果一个人你不喜欢一周有3次和他一起吃午餐，就不要让他加入。

（2）我要告诉你，一顶帽子、一套学位服必然要让你沦落……就像这些保安马上要把我从这个讲台上撵走一样必然……（这是拉里·埃里森在耶鲁大学演讲中途被带离演讲台前说的最后一句话。）

┃第176天┃

企业家76：比尔·盖茨

比尔·盖茨（1955—）：微软公司创始人、微软公司前董事长、CEO兼首席软件架构师，13次登上福布斯全球富豪榜榜首，被称为"IT英雄""黑暗王子"。

致富能力：★★★★★★★

学习系数：7.0

国籍：美国

第一桶金：1975年比尔·盖茨从哈佛大学退学，创立微软公司，很快就赚了18万美元。

创富锦囊1："抓住大势稳赚钱。"20世纪60年代，普通家用电脑时代到来，比尔·盖茨和挚友保罗·艾伦意识到时代趋势，并专注于电脑软件的开发，不断更新换代，至今仍稳坐全球计算机软件业的霸主地位。

创富锦囊2："与时俱进不落后。"比尔·盖茨不是一个行业吃到老的人。早在网络股泡沫大破裂之前，他已经未雨绸缪，投资数字及生物技术产业和重工业，推动微软多元化发展。

创富锦囊3："科技转化赢未来。"比尔·盖茨是当今少有的集高科技研发才能和经营管理才华于一身的商业奇才。他既是电脑软件领域的开创者，也是商业运作的先驱者。他将科技成果与商业模式完美结合，值得每一个中国科技企业学习。

比尔·盖茨说：

（1）生活是不公平的，你要去适应它。

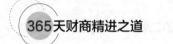

（2）成功是你的人格资本。

（3）别希望不劳而获。

（4）习惯律己。

（5）不要忽视小事。

（6）从错误中汲取教训。

（7）事事自己动手。

（8）你往往只有一次机会。

（9）做该做的事。

（10）善待身边的人。

┃第177天┃

企业家77：英格瓦·坎普拉德

英格瓦·坎普拉德（1926—2018）：宜家家居创始人。

致富能力：★★★★★★

学习系数：7.0

国籍：瑞典

第一桶金：1943年，英格瓦·坎普拉德利用一个废弃的旧厂房，改造出第一个宜家仓库及展厅，这也是第一家宜家专卖店。

创富锦囊1："顾客参与，赚钱个性化。"宜家从一开始，就设计好了营销路径，让顾客自己看、自己动手、自己搬运、自己组装。这样既降低了经营成本，又兼顾了顾客的个性化和积极性。

创富锦囊2："大众路线，胜在平民化。"英格瓦·坎普拉德注重平民化，宜家的产品价格实惠、使用简易，这让宜家在家居用品行业创建了自身的口碑和品牌。

创富锦囊3："生产外包全球化。"早在20世纪60年代，宜家已经在波兰设立了第一个海外生产基地，并通过与海外厂家的长期协议，建立了全球化、现代化的生产和配运体系。

英格瓦·坎普拉德说：

真正的宜家精神，是由我们的热忱，我们持之以恒的创新精神，我们的成本意识，我们承担责任和乐于助人的精神，我们的敬业精神，以及我们简单的行为构成的。

▎第178天▎

企业家78：劳伦斯·格拉夫

劳伦斯·格拉夫（1938—）：被世人誉为"指环王"。世界最珍贵、最精美宝石的制造商和经销商之一，他的品牌拥有世界上最大的钻石抛光和切割设备。

致富能力：★★★★★★

学习系数：7.0

国籍：英国

第一桶金：劳伦斯·格拉夫是少见的白手起家的钻石大王。他14岁辍学，靠清扫厕所、擦地板为生。后来，他在一家制造和修复首饰的珠宝店

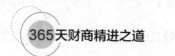

工作了几年后，这家店破产了。走投无路的劳伦斯·格拉夫和朋友一起接管了一家亏损严重的珠宝店。凭着精湛的设计和过人的胆识，劳伦斯·格拉夫在1960年创建了属于自己的钻石品牌Graff格拉夫，逐渐打造出世界上首屈一指的珠宝王国。

创富锦囊1："美感为王，设计先行。"劳伦斯·格拉夫是半路学艺的钻石设计大师，他对钻石的美感有独特的理解。创建品牌6年后，28岁的劳伦斯·格拉夫就凭着卓越的设计赢得了国际钻石比赛金奖。在Graff品牌创立初期，它的钻石已经为世人所向往青睐。劳伦斯·格拉夫曾说："从第一步做起，首要是宝石本身。当你拥有顶级的宝石，你才能造出美妙绝伦的珠宝。"

创富锦囊2："有宝物也要广识人、会做事。"劳伦斯·格拉夫的成功，不仅仅在于Graff品牌设计出众、质量过硬，还在于他对客户的用心经营。劳伦斯·格拉夫与中东的王子和王后关系非常密切，超级大明星伊丽莎白·泰勒、足球明星贝克汉姆以及美国总统特朗普都是劳伦斯·格拉夫的忠实客户。更传奇的是，接到甲骨文公司总裁拉里·埃里森的订单后，得知他乘坐游艇出游地中海，劳伦斯·格拉夫竟然乘游艇亲自把钻石交到拉里·埃里森的手上。

劳伦斯·格拉夫说：

（1）我们不会跟风，我们只做我们一直在做的事。

（2）我还记得当我仔细鉴赏我的第一颗钻石时，我被它深深地吸引着，那种美感在我内心久驻不渝。

▌第179天▌

企业家79：阿曼西奥·奥特加

阿曼西奥·奥特加（1936—）：目前全球排名第3位的服装品牌Zara始终深受全球时尚青年的喜爱。作为Zara所属的Inditex集团的老板，他的创业致富之路，堪称经典和完美。2019年，阿曼西奥·奥特加排名福布斯全球亿万富豪榜第6位。

致富能力：★★★★★★★

学习系数：9.0

国籍：西班牙

第一桶金：铁路工人的儿子阿曼西奥·奥特加，13岁就进入服装界当学徒。1963年，他用自己仅有的83美元，创办了属于自己的小型制衣厂，这就是日后创造了知名品牌Zara的Inditex集团的前身。阿曼西奥·奥特加主要通过生产女性睡衣、衬衫，逐步积累了创业资金。

创富锦囊1："用心耕耘实体店铺，油污模式创奇迹。"多年来，Zara一直坚持"重店铺、零广告"的营销策略。Zara每开拓一个新的市场，总是先在城市中心最繁华的路段开实体店铺，以此为中心向全城区、全国辐射。这就是阿曼西奥·奥特加所倡导的著名的"油污模式"。

创富锦囊2："以少胜多，速度取胜。"Zara还有"撒手锏"。一是时刻保持新鲜感，少就是多，少就是盈。Zara每周上架新货两次，货量很少且不再补充货源，这种独特大胆的销售策略让消费者"欲罢不能"，"死心塌地买到底"。二是不断创新，因为速度就是效益，速度就是竞争力。

Zara不存在换季服装，它总是在两周的出厂时间内，不断推陈出新，及时反馈，及时设计，及时销售。Zara每个季节平均上市款式为惊人的11000种，是其他量贩式品牌的5~6倍！

阿曼西奥·奥特加说：

我一定得搞出些名堂。

▌第180天▌

企业家80：伯尼·埃克莱斯顿

伯尼·埃克莱斯顿（1930—）：F1前任总裁，1998年的英国第六大富豪。

致富能力：★★★★★★★

学习系数：7.0

国籍：英国

第一桶金：伯尼·埃克莱斯顿曾在一个化学实验室当过助手，后来参加摩托车和汽车比赛，发现自己在赛车领域没有天赋后，转而倒卖机动车零件和旧汽车，并成立了一家机动车销售公司。

创富锦囊1："改变玩法掌握主动权。"F1一开始不赚钱，到了20世纪70年代，情况也没有改善，甚至越来越糟糕。1972年，伯尼·埃克莱斯顿买下了布拉汉姆车队，随后联合各参赛队，成立协会，提供赛车，并要求赛车场提供完善的比赛设施。尤为关键的是，伯尼·埃克莱斯顿带头向当时的F1控制机构——国际汽车联合会争取权利，经过6年的不懈抗争，将F1

赛车的商业经营权揽在手中，开始了伯尼·埃克莱斯顿的新玩法。20世纪90年代，F1大奖赛每一站的比赛都吸引了超过2亿的观众，F1成为与男足世界杯媲美的最吸金的国际体育活动之一。

创富锦囊2： "包装赛事成就商业传奇。"1978年当选F1主席后，伯尼·埃克莱斯顿就开启了F1的商业化之旅。他把F1这个松散的活动改造成为正规赛事，逐步把F1包装成为冒险、激情、高端和时尚的象征，吸引全世界的人来消费F1。在F1赛事取得惊人成功的同时，伯尼·埃克莱斯顿不断与电视台签订高额的转播合同，打包出售F1冠名权和场地广告，让主办方缴纳巨额承办费用，伯尼·埃克莱斯顿由此成为英国最高端的富人之一。

伯尼·埃克莱斯顿说：

（1）先生们，永远不要谈论金钱。

（2）赛车运动只是外衣，商业才是本质。

◎ 本章作业

1. 通过学习本章80位中外企业家的成功经验，你有什么感受和启发？

2. 这些企业家有没有一些共性的思想或性格？

3. 假设你现在有一个机会，参加与这些企业家"一对一"的晚宴，并且可以向他们提两个问题，你会如何提问？

4. 你是否愿意成为一名企业家？如果你愿意，你将从哪些方面去实践？

/ 第四章 /

向名人学习

被誉为"美国富人的导航塔"的拿破仑·希尔在没有成功之前，一直以9位成功人士为榜样，明确写下具体的学习宣言，反复琢磨，逐一实践。

同样地，我们想要创造属于自己的财富，想要在事业上取得成功，一定要站在"成功巨人"的肩膀上努力往更高处攀登。即使我们获得阶段性的成功，仍要不停地模仿、学习和总结。

本章所选的20位古今中外名人，他们在人格完善、思想修炼、品德培养等方面，尤其是创业、创富的实践经历，都有值得我们认真学习、效仿的地方。

让我们一起，开启"向名人学习"之旅吧！

┃第181天┃

名人01：范蠡

基本情况：范蠡（公元前536—公元前448），春秋末期伟大的政治家、军事家，中国历史上著名的商业理论家。

创富经历：范蠡的人生历程可分为两部分。早期，范蠡帮助越王勾践灭了吴国，报了会稽之耻。后期，范蠡辅助名君功成名就后，急流勇退，化名姓为鸱夷子皮，漂游江湖三次经商成为巨富，又三次散尽家产。后来他定居宋国陶丘，号"陶朱公"。后人誉为"商以致富、成名天下"的"财神"和"商圣"。

创富启示：范蠡主张的"薄利多销""把握时势""知斗则修备，时用则知物""积储商品""三八价格，农末俱利"等商业经济思想，至今仍影响现代的商业规则。这位"商圣"遗赠给我们的，除了这些显形的商业思想，还有不少隐形的遗产，如务实的品格、超前的思想、无私的精神等，值得我们反复琢磨品味。

┃第182天┃

名人02：白圭

基本情况：白圭（公元前370—公元前300），战国时期的商业经营思想家、经济谋略家和理财家。

创富经历：《汉书》记载，白圭是经营贸易发展生产的理论鼻祖，即"天下言治生者祖"，《史记》称他为"治生之祖"。白圭的"人弃我

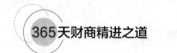

取""知进知守"等经商理论对现代理财仍有指导意义。白圭早在战国时期就已经提出了要"减轻田税，征收产物的二十分之一"，提出"贸易致富"的惊人理论，具有极强的超前意识。同时，白圭还主张根据丰收、歉收的具体情况来采取"人弃我取，人取我与"的方法经商。白圭还更进一步提出了农业经济循环说，认为农业的一个周期为12年，这在当时无疑是非常精辟的论述。

创富启示：白圭曾经把经商的理论概括为四个字：智、勇、仁、强。他说，经商发财致富，就要像伊尹、吕尚那样筹划谋略，像孙子、吴起那样用兵打仗，像商鞅推行法令那样果断。如果"智不足以权变，勇不足以决断，仁不足以取予，强不足以守业"，就无资格去谈论经商之术了。

▌第183天▌

名人03：乔致庸

基本情况：乔致庸（1818—1907），清末晋商杰出代表。山西乔氏商业从第一代乔贵发家，到第四代当家人乔致庸，已经成为真正的商业巨头。乔致庸被称为"亮财主"，他本是个秀才，后来转而从商。雄才大略、多谋善断的乔致庸，是位商场高手。

创富经历："先有复字号，后有包头城"，在乔致庸的策划下，乔家在包头创立的复盛公商号逐渐发展为庞大的复字号商业网络，基本上垄断了包头的商业市场。光绪十年（1884年），顺应时势的乔致庸创立了汇通天下的大德通、大德恒票号。在他的经营下，乔氏商业遍及全国各大商埠及水陆码头，在全国有200多家票号、钱庄、当铺和粮店，业务繁荣，财多势旺，乔氏资产达到惊人的上千万两白银，成为真正的超级晋商。

创富启示：乔致庸在中国金融业是值得大书特书的伟大人物。他在金融票号行业上屡有创新，把儒家道义灵活运用在商业上，即秉持"信、义、利"的商业准则，包括"人弃我取""薄利多销""信誉为先"等商业经营原则，为后人树立了良好的榜样。

▌第184天▌

名人04：胡雪岩

基本情况： 胡雪岩（1823—1885），清末"红顶商人"，爱国民族企业家。

创富经历： 胡雪岩出身于贫苦家庭，曾依靠替人放牛来维持生计。后来在钱庄当学徒挣钱，他勤勤恳恳、机灵聪敏，得到钱庄掌柜的赏识，最后继承了价值近5000两白银的钱庄，终于有了他的第一桶金。从政期间的胡雪岩协办船政局，创立胡庆余堂，不但积累了大量财富，更赢得了"江南药王"的美誉。后来，胡雪岩的产业资金周转失灵，本人更被革职抄家，最后郁郁而终。

从一贫如洗，到富可敌国，再回到一贫如洗。他的实操和远见、谋略和局限，他的生意经、为人处世的方式，他的识人用人、积累人脉、资本运作的方法值得我们去研究，他的每一段经历都是一个精彩的故事。所以，有人说"为商必读胡雪岩"。

创富启示： 学习胡雪岩，不仅要学他的成功，更要汲取他失败的教训。曾仕强先生总结，胡雪岩的教训主要有三个：第一，不要留下任何把柄。胡雪岩在为公家贷款时吃了回扣，被人告发，这是当时清朝当政者所不能容忍的。第二，不要让家事扰乱自己的事业。胡雪岩娶了多位姨太

太，同住一个屋檐下，家里一直都是矛盾重重。第三，要给自己留后路。胡雪岩在大红大紫时没有选择合适的时机退下来，导致最后被抄家，这是最大的失策。

▌第185天▌

名人05：蔡崇信

基本情况：蔡崇信（1964—），加拿大籍华人，出生于中国台湾。耶鲁大学经济学学士及耶鲁法学院法学博士，阿里巴巴集团的创办人之一。蔡崇信于1999年加入阿里巴巴，当年作为先遣人员成立阿里巴巴集团香港总部。

创富经历：20世纪90年代，蔡崇信在德国一家投资公司有一份非常体面和高薪（年薪70万美元）的工作，但是他却甘愿舍弃这份工作，千里迢迢投奔马云，每月只拿500元人民币的薪水，这样的胆识、远见非常难得！有一次，蔡崇信对着白板向阿里巴巴第一批员工讲股份、讲权益，拿出了18份完全符合国际惯例的英文合同，让马云和"十八罗汉"签字画押。蔡崇信的到来，促使阿里巴巴真正实行规范化运作，并以正式合同的形式将"十八罗汉"团队的利益绑到了一起。如果没有蔡崇信这样专业、敬业的人加入，阿里巴巴只会是一个家族企业。正是这位从耶鲁大学毕业、拥有资深风险投资背景的优秀职业经理人的加入，为阿里巴巴带来了由高盛牵头的500万美元的天使投资。蔡崇信规范了阿里巴巴的公司治理，令阿里巴巴得以进入孙正义的视野，为后来获得更多的投资创造了条件。马云曾说过，能取得今天的成就，最感谢4个人——孙正义、杨致远、金庸和蔡崇信。如果非得选一个最感谢的，那就是蔡崇信。蔡崇信对于阿里巴巴和马云的意义，真是不可估量。

创富启示：当年加入阿里巴巴，肯定是蔡崇信深思熟虑之后做出的一个决定。蔡崇信的远见、坚忍和大格局，不得不让人敬佩。同时，蔡崇信对运动的无比热爱也值得大家学习。不要以为体育运动和财富扯不上边，蔡崇信曾说："运动员和投资人一样，是体力加脑力的结合。对运动员而言，在什么时间点传球、什么时间点投球需要脑力。而投资人除了体力之外，还需要经验的累积。"对于运动，蔡崇信深谙其精髓，他说："运动很有对抗性，更重要的是培养输得起的精神，你不可能赢得每一场比赛的胜利。""作为创业者不要怕竞争，最怕的就是一路保送，最后碰到困难的时候不堪一击。"

▎第186天▎

名人06：谢霆锋

基本情况：谢霆锋（1980—），香港人，祖籍广东番禺，歌手、演员、音乐创作人、制作人、主持人、青年企业家、PO朝霆创始人。谢霆锋在娱乐界的地位大家都比较熟悉，但是他的创业者和企业家身份，以及成功的密钥却被大多数人忽略。

创富经历：2003年，谢霆锋曾受邀参加清华大学和北京大学座谈会并发表演讲，同期创办了中国顶尖特效制作公司PO朝霆，后来逐步投资房地产、餐饮业、服装业、娱乐业等，都取得了惊人的业绩。2012年，谢霆锋以亚洲商业领袖的身份，应邀到香港科技大学为商学院师生演讲，他本人和创办的公司入选该院世界十强的MBA（工商管理硕士）案例，他的事迹被编入《问鼎55个成就世界领先地位的华人企业（企业家）发展范例》一书。发展到后来，他已经可以和马云、丁磊等商界翘楚坐在一起分享创业

的成功经验。2019年，财新峰会香港分会场上，他以锋味控股创始人的身份，与丁磊、李泽楷等人同台，畅谈"创新与青年潜能"。谢霆锋曾说："碰太多的钉子你会很苦，如果你不是那么热爱它，就接受不了那么多挫败和指指点点。"

创富启示： 谢霆锋能在歌坛、影视圈和创业界等领域取得成功，绝不是轻而易举、一蹴而就的。我们一定要认真去体悟和学习他成功背后的拼命、自律、不甘落后、永不放弃和追求卓越的精神，这些都是年轻人要认真学习的地方。

Ⅰ 第187天 Ⅰ

名人07：涩泽荣一

基本情况： 涩泽荣一（1840—1931），日本明治和大正时期的企业家、政治家，被誉为"日本企业之父""日本金融之王""日本近代经济的领路人""日本资本主义之父""日本近代实业界之父"。

创富经历： 涩泽荣一是难得的政治和商业奇才，他早年曾参加日本尊王攘夷运动并得到德川家族重用。后来他弃政从商，出任日本第一国立银行总裁，并在1883年创办大阪纺织公司，成为日本商业领袖。此后，涩泽荣一更涉足铁路、轮船、渔业、印刷、煤气、电气和矿业等行业，成就了一番伟业。

创富启示： 涩泽荣一一生业绩非凡，参与创办的企业组织超过500家，包括东京证券交易所。这些企业遍布银行、保险、矿山、铁路、机械、印刷、纺织、酿酒、化工等日本当时重要的产业部门，其中有许多企业在东京证券交易所上市。更重要的是，他热衷于引进西方经济制度和创新企业形态，创办了日本第一家近代银行和股份制企业（第一国立银行），率先发起创立近代经济团体组织。在实业思想上，他把中国的儒家精神与欧美的经济伦理融为一体，奠定了日本经营思想的基础。2019年4月9日，日本财相麻生太郎正式宣布，将在2024年的上半年更换日元纸币图案，推出10000日元、5000日元和1000日元新纸币，正面将分别使用涩泽荣一、津田梅子、北里柴三郎的人物肖像 。对涩泽荣一感兴趣的朋友可以看看由上海社会科学院出版社出版的幸田露伴写的《涩泽荣一传》和涩泽荣一本人的著作《论语与算盘》。其中，《论语与算盘》全面总结了他的成功经验，既讲精打细算赚钱之术，也讲儒家的忠恕之道，实在是难得的经商处世的佳作。

▎第188天▎

名人08：原一平

基本情况：原一平（1904—1984），日本保险业的"推销之神"。

创富经历：原一平一生充满传奇，曾被乡里公认为不可救药的"小太保"的他，后来连续15年成为日本保险业全国业绩第一的"推销之神"。最穷的时候，他连坐公交车的钱都没有，后来他凭借自身的毅力和能力，终于创立了自己的推销伟业。原一平出生于日本长野县，23岁时，原一平离开家乡，到东京闯天下。几经波折后，原一平进入明治保险公司工作，上司和同事根本看不起这个身高只有145厘米，体重50公斤的"小家伙"。但原一平凭借恒心和毅力迎来了事业上的一个个辉煌，成为日本保险业赫赫有名的"推销之神"。

创富启示：关于原一平，有很多精彩的故事，这里简要介绍下他的推销六法。

（1）诚心诚意接受别人的批评。

（2）比别人更加勤快。

（3）以赞美对方开始访谈。

（4）以有趣的方法推销。

（5）要不断完善自己的说话技巧。

（6）永不服输，永不放弃。

▎第189天▎

名人09：约翰·洛克菲勒

基本情况：约翰·洛克菲勒（1839—1937），美国著名实业家，美孚石油公司、洛克菲勒家族的创始人。

创富经历：约翰·洛克菲勒的经历相信大家都不陌生，他是一个天生的理财师和创业家。他出身贫寒，幼年时就知道通过养火鸡和借钱收息来赚钱。后来，他通过投资石油业，在美国商业历史上留下一段罕见且伟大的经历。

创富启示：我们学习约翰·洛克菲勒，一方面，要学习他的商业思想和运营手段，他的远见、冷静、精明和自信，这些都是商业实业家必须具备的品质。约翰·洛克菲勒曾说过一句话："如果把我剥得一文不名丢在沙漠的中央，只要一行骆驼队经过，我就可以重建整个王朝。"另一方面，我们还要学洛克菲勒家族的育儿经，洛克菲勒家族至今已经历6代人，但这个家族始终保持繁华和旺盛，这与他们从小接受的教育，尤其是品质和财富观念的建立是分不开的。约翰·洛克菲勒曾说："赚钱的能力是上帝赐给洛克菲勒家族的一份礼物。"希望这份礼物也能通过洛克菲勒家族传递给大家。

▌第190天▌

名人10：特德·特纳

基本情况：特德·特纳（1938—），美国俄亥俄州辛辛那提人，美国最大的有线电视新闻网CNN的创办者，开创了世界上第一个全天候24小时滚动播送新闻的频道、世界上最早的国际电视频道，成为1991年《时代》周刊年度风云人物，2001年担任美国在线–时代华纳的副董事长。

创富经历：特德·特纳曾在军事学院接受训练，后来，他退学开始了一段时期的流浪生活，之后又回到了他父亲的广告公司，担任推销员、经理。不久，他父亲因巨额债务自杀。随之，他父亲的债主——一个大型企业的董事长，准备收购这家广告公司。特德·特纳坚持不懈守住家业，并逐步发展事业，把家族企业越做越大。

创富启示：特德·特纳最令我佩服的是，他在1980年异想天开地提出要"建立有线电视新闻网，并通过卫星和电缆一天24小时连续实况播送国内外重大事件"。在那时，新闻节目属于公共服务，赚不了什么钱，而特德·特纳却要24小时专做新闻。消息一出，就遭到大家的反对。但特德·特纳相信自己的判断，坚持己见，在1980年6月1日，有线电视新闻网正式开始24小时连续播放实况新闻。这种从来没有过的直接播放未经编辑的新闻的方式，打破了常规媒体和地域的界限，让一切同步发生，成就了特德·特纳式有线电视的伟大事业。特德·特纳曾说："我是世界上最伟大的帆船运动员。我只差一点就成了世界上最强大的企业家和最伟大的生态学家。我试图打破一项纪录，那就是成为一生中完成了最多事业的人。我的竞争对手是亚历山大大帝、拿破仑、甘地、基督、穆罕默德、释迦牟尼、乔治·华盛顿……"特德·特纳的成功不是偶然的！

第191天

名人11：亨利·福特

基本情况：亨利·福特（1863—1947），美国汽车工程师与企业家，福特汽车公司的建立者。亨利·福特是世界上第一个使用流水线作业、大批量生产汽车的人。美国学者麦克·哈特所著的《影响人类历史进程的100名人排行榜》一书中，亨利·福特是唯一上榜的企业家。

创富经历：亨利·福特不仅是天生的机械工程师，还是拥有无穷创意的伟大企业家。他设计生产的T型车，改变了美国人乃至现代人的生活方式；他创立的8小时5美元的工资标准，改变了美国工人的工作方式，保护了工人阶层的利益；他设计的流水线模式，成为20世纪大规模生产的基础。同时，亨利·福特还坚持自由经济，反对垄断；坚决反对投机主义，并把投资称为"投机"；他建立的职业学校为数以万计的贫困孩子提供了学习和工作的机会，修建的医院、铁路则为同行树立了标杆。

创富启示：可以说，亨利·福特不但革新了工业生产方式，而且对现代社会和文化产生了巨大的影响，因此他被称为"为世界装上轮子"的人。除了管理企业外，亨利·福特还用很多的时间思考政治经济学问题。作为一个理想主义者，他梦想着"把苦役从劳动中清除出去"，对民主制度、工资与福利的本质、慈善事业、机器与人的关系等都有阐述。1999年，《财富》杂志评选他为"20世纪商业巨人"。

▌第192天▐

名人12：霍华德·休斯

基本情况：霍华德·休斯（1905—1976），美国企业家、飞行员、电影制片人、导演、演员。

创富经历：霍华德·休斯在1923年因双亲亡故而成为孤儿，辍学接管父亲的企业。1924年成为美国休斯工具公司董事长。1926年进入好莱坞，成为电影公司董事长兼导演，买入了125家电影院的经营权。1927年投资制作喜剧影片《两个阿拉伯骑士》。1930年投资制作战争影片《地狱天使》。1932年成立休斯飞机公司。1935年驾驶自己设计的飞机创造了时速567公里的世界飞行纪录。1937年以7.5小时飞越美洲。1938年创造91小时环球飞行纪录。此后用5年时间设计制造一架载客750人的飞机飞行了1英里（1英里≈1.6093公里）。1939年，霍华德·休斯入主环球航空公司。1948年买下了整个雷电华电影公司的控制权。45岁隐居。作为环球航空公司78%的控股者，因拒绝出庭丧失控股权。20世纪50年代他成立了霍华德·休斯医学研究所。1967年出售公司5亿美元的股票。1976年4月5日，霍华德·休斯在自己的私人飞机中去世，享年71岁。以上是霍华德·休斯传奇一生的概括，如果觉得不过瘾的话，推荐去看两部电影《飞行家》和《钢铁侠》。

创富启示：霍华德·休斯是美国冒险精神的象征。他的执着、他的极致、他的创新、他的才智、他的梦想、他的热情、他的壮怀激烈、他的挥斥方遒、他的永不气馁，都值得大家细细品味。归结为一点，那就是：只要你有梦想，就放手去追、去做，好的开始是成功的一半。

▌第193天▌

名人13：约翰·皮尔庞特·摩根

基本情况：约翰·皮尔庞特·摩根（1837—1913），美国银行家、艺术收藏家，曾被称为"世界债主"。

创富经历：约翰·皮尔庞特·摩根于1861年创立摩根商行，1892年撮合爱迪生通用电力公司与汤姆逊–休士顿电力公司合并成为通用电气公司，1901年组建美国钢铁公司。1900年，在约翰·皮尔庞特·摩根控制之下的铁路长达10.8万公里，差不多占当时美国铁路的2/3。1912年，摩根财团控制着53家大公司，资产总额127亿美元。这些资产中，金融机构13家，占30.4亿美元；工矿业公司14家，占24.6亿美元；铁路公司19家，占57.6亿美元；公用事业公司7家，占14.4亿美元。截至1913年，摩根家族包括银行家信托公司、保证信托公司、第一国家银行，总资产达34亿美元。摩根同盟总资本约48亿美元，由国家城市银行、契约国家银行组成。这一金融集团占美国金融资本的33%，总值近200亿美元。另外还有125亿美元的保险资产，占美国保险业的65%。生产事业方面，美国35家主力企业中有摩根公司的47名董事。

创富启示：我们不仅要学习约翰·皮尔庞特·摩根的经商之道，更要关注约翰·皮尔庞特·摩根的慈善意识、冒险精神和家庭教育，尤其是家庭教育，值得每位家长认真思考。直至今天，摩根家族的后代继续扩张家族企业，财团雄风未减，霸业更加显赫。

▌第194天 ▌

名人14：安德鲁·卡耐基

基本情况：安德鲁·卡耐基（1835—1919），美国"钢铁大王""慈善事业之父"，卡耐基钢铁公司的创始人，在2009年发布的美国史上十五大富豪排行榜中名列第二。

创富经历：出生于苏格兰古都丹弗姆林。父亲威尔·卡耐基以手工纺织亚麻格子布为生，母亲玛琪则以缝鞋为副业。父母虽穷，但为人正直，始终保持着积极进取的精神。他后来和家人移民到美国，自13岁起外出打工，从纺织厂的绕线工、信差、电报员，一步一个脚印，白手起家建立了一个生产钢铁的大型钢铁联合企业，并且数十年保持世界最大钢铁厂的地位，几乎垄断了美国钢铁市场。当时，安德鲁·卡耐基与约翰·洛克菲勒、约翰·皮尔庞特·摩根被称为美国经济界的三大巨头。

创富启示：在事业如日中天的时候，安德鲁·卡耐基将自己的钢铁公司卖给约翰·皮尔庞特·摩根，反思过去，开始专注慈善事业，开启第二人生。他捐赠了很多卡耐基图书馆，还建立了卡耐基音乐厅，甚至是卡耐基梅隆大学。他生前捐赠额之巨大，足以和诺贝尔相媲美，他的慈善之路，是真正的"仁者之风"，他带给世人正确看待财富的角度：财富不是用来享受的，而是用来投资的；最终目的是以最有效的方式交付社会，为国计民生服务，而不是为了一己之私利。它是神圣的信托资产，交给拥有者负责管理，最终流入他人手中，最终用于公共的福利。他是美国人心目中的英雄和个人奋斗的楷模。安德鲁·卡耐基曾告诫过年轻人："不要赐我贫穷，也不要赐我富贵""要把钱放进你自己的钱包里""不期望别人鼓掌喝彩，不在乎自己是否受欢迎，只关心自己是否正确""你想创造财富，那你所追求的既不是财富也不是幸福，而是虚荣心和个人名利，你要力求

达到理想境界，比如中国的孔子""将你的精力、思想和资本全部投入你正在从事的事业当中"。

名人15：康拉德·希尔顿

基本情况：康拉德·希尔顿（1887—1979），世界旅馆业大王，希尔顿国际酒店集团的创始人。目前在全球已拥有200多家旅馆，资产总额数十亿美元，旅馆每天接待数十万计的各国旅客，年利润数亿美元，雄踞全球旅馆的榜首。

创富经历：康拉德·希尔顿在1919年创立美国希尔顿饭店，他一手把1家饭店扩展到100多家，遍布世界五大洲的各大城市，成为全球最大规模的饭店之一。希尔顿饭店生意如此之好，财富增长如此之快，秘诀就在于：他确立了自己的企业理念，并把这个理念上升为品牌文化，贯彻到每一个员工的思想和行为之中，饭店创造"宾至如归"的文化氛围，注重企业员工的礼仪培训，并通过服务人员的"微笑服务"体现出来。康拉德·希尔顿在89岁高龄还坚持不懈地到他分设在各国的希尔顿饭店、旅馆视察业务，不得不让人敬佩。

创富启示：作为希尔顿国际酒店集团的创始人，康拉德·希尔顿从不甘贫穷到创造属于自己的财富帝国，靠的就是4个追求：追求梦想、追求财富、追求卓越和追求完美。他出生在美国新墨西哥州，在矿业学院读过书，也参过军，并且参加过第一次世界大战。他也曾去过得克萨斯州，想走"石油致富"之路，结果却突发灵感做起了酒店，结果一做就是一辈子，酒店业成就了他的梦想。他所著的《宾至如归》一书，早已成为每个从事酒店业人员的"圣经"。他说：我们志向要远大，要发掘自己的才智，要热忱、执着，要理智，不要过于忧虑，不要留恋过去。他的成功，十分值得我们学习和模仿。

▌第196天▌

名人16：大卫·贝克汉姆

基本情况：大卫·贝克汉姆（1975—），英国职业足球运动员，少年时就在曼联一战成名。曾在1999年、2001年两次获世界足球先生银球奖，1999年当选欧足联最佳球员，2001年被评为英国最佳运动员，2010年获得BBC（英国广播公司）终身成就奖。

创富经历：大卫·贝克汉姆是当今英国球员的代表人物，同时他在商业界的成就也是大家有目共睹的。

创富启示：世人都记住了大卫·贝克汉姆的"帅"和神奇"黄金右脚"，但是，正如他自己所说："我只想让人们把我看作一位努力勤奋的足球运动员，能记住我的勤奋。"他成功光鲜的背后，必然是不为人知的艰辛耕耘。2006年世界杯期间，有一位摄影师曾形容大卫·贝克汉姆是一只特别勤奋的"猪"。他的解释是："他在场上场下都会很勤奋。因为大卫·贝克汉姆每一场的跑动距离是很长的，他的协防意识也是极其强的；场下的勤奋则是，如果这个人的长传和任意球很准确，没别的办法，只有靠勤学苦练，他每天会比别人多练球。" 在AMISCO程序记录的国际大赛中跑动距离最长的是大卫·贝克汉姆——2001年世界杯预选赛对阵希腊，他跑动了16.1公里。就连专栏作家杰夫·鲍威尔都说："大卫·贝克汉姆把适度的天分都转化成了财富和名声，对此我只有膜拜。"

▋第197天▋

名人17：阿米尔·汗

基本情况：阿米尔·汗（1965—），印度宝莱坞著名演员、导演、制片人。

创富经历：阿米尔·汗8岁时就出演第一部电影*Yaadon Ki Baraat*。后来练习打网球，获得了马哈拉施特拉邦的网球冠军，1988年，阿米尔·汗放弃网球重回银幕，从这之后，由于他的敬业和专业，他出演的电影几乎都成了印度票房冠军，他是印度国宝级人物，宝莱坞的全能演员，是坚持电影梦想的天才和超级偶像。

创富启示：阿米尔·汗的荣誉和成绩背后，是他几十年如一日的自律、勤奋和敬业。在饰演《三傻大闹宝莱坞》期间，44岁的他要挑战出演18岁的大学生。最初连他自己都不敢想象："你真的确定让我演吗？"而电影上映之后，所有观众包括剧组人员都把他当成了真正的大学生。他后来说："我是在每天3小时每周6天的《未知死亡》中锻炼自己的意志力，它是强有力的工具，如果特别想实现什么事情，通过锻炼一定做得到。"他51岁时主演了电影《摔跤吧！爸爸》，他需要饰演19岁、42岁、52岁三个年龄段，体型也需要健美和肥硕两个状态。换成一般的演员，他们一定会选择特效化装和后期制作。但阿米尔·汗选择实际增肥，而且是选择先增肥28千克，拍摄完老年戏份再减肥。因为他觉得：只有真正成为一个胖子，才能体会到胖子的感受，包括肢体和心理。后来，增肥后他再健身5个月，通过魔鬼般的训练，练出摔跤运动员的健美身材。他本人训练的过程本身就是一部充满正能量的励志大片。阿米尔·汗的敬业、严格要求和精益求精，是他成功的密钥。

▌第198天▌

名人18：奥普拉·温弗瑞

基本情况：奥普拉·温弗瑞（1954—），美国著名的脱口秀主持人，2018年获第75届金球奖终身成就奖，同年获全球最具影响力人物之一的荣誉。

创富经历：奥普拉·温弗瑞14岁后由父亲和继母抚养。她的父亲和继母监督她识字、读书，从此改变了奥普拉·温弗瑞的一生。在学校期间，她参加了在美国费城举办的校园俱乐部演讲比赛，并凭借一篇短小、令人震撼的演讲《黑人·宪法·美国》赢得第一名，赢得了1000美元的奖学金。奥普拉·温弗瑞通过这次比赛才知道，原来靠嘴巴演讲是可以赚钱的。1973年，读大二的奥普拉·温弗瑞已经成为哥伦比亚广播公司纳什维尔电视台最年轻的主播。奥普拉·温弗瑞有天生的好口才、好记性和激情活力，但是一开始她从事的职业是新闻播音，这在很大程度上限制了她发挥自己的优势。后来在1983年，奥普拉·温弗瑞在"A.M.芝加哥"电台老板丹尼斯·施瓦逊的招揽下，成为一名脱口秀主持人。至此，奥普拉·温弗瑞用她独有的坦诚、真挚和个性化的风格，开启了属于奥普拉·温弗瑞时代的魅力脱口秀。后来，奥普拉·温弗瑞遇到了生命中另外一个贵人，那就是芝加哥的一个普通律师杰夫·杰克伯斯。杰夫·杰克伯斯告诉她，仅靠替人打工并不能使她真正成功，她应该组建属于自己的公司。于是，1986年，奥普拉·温弗瑞与杰夫·杰克伯斯合作创建了哈普娱乐集团，该集团通过定期制作"奥普拉脱口秀"以及其他一些电视读书节目，包括后来在2000年出版了著名的杂志O，取得了令人惊叹的销售收入。可以说，1986年创建哈普娱乐集团，是奥普拉·温弗瑞成为亿万富翁的神来之笔。

创富启示：奥普拉·温弗瑞出身于普通家庭，没有背景，没有美貌，最后却获得了连一线女明星都难以获得的财富和影响力。她无疑是最代表"美国梦"的形象之一，她是值得我们学习的楷模。（有想进一步了解奥普拉·温弗瑞的读者，可以阅读由黑天鹅图书引进的著作《我坚信》。）

▌第199天▐

名人19：J．K．罗琳

基本情况：J．K．罗琳（1965—），名列2017年度福布斯全球百位名人榜第三位，2017年获英国王室"荣誉勋爵"。

创富经历：J．K．罗琳相貌平平，但酷爱写作。1992年结婚并在次年育有一女，后来于1994年离婚，跟女儿住在一起。那是J．K．罗琳最艰难的一段日子，为此她曾申请政府资助。与此同时，在1989年火车旅途中获得的"哈利·波特"小巫师的灵感一直在推动J．K．罗琳不断写作，她写了5年才把第一本《哈利·波特与魔法石》写完。1996年，J．K．罗琳把《哈利·波特与魔法石》小说大纲和三章故事寄给了出版社代理商。其间，J．K．罗琳多次寄出书稿，但都遭到了出版社的拒绝而被退稿。直到1997年，一个小印刷厂接下印刷权，并推动出版了"哈利·波特"系列第一本《哈利·波特与魔法石》，立即获得英国国家图书奖儿童小说奖和斯马蒂图书金奖章奖。由此，J．K．罗琳更加努力，写出引人入胜的"哈利·波特"系列小说，后来由美国华纳兄弟电影公司将小说搬上了银幕，这更使得"哈利·波特"系列小说成为风靡全球的书籍，也使J．K．罗琳获得了巨额财富。

创富启示：可以说，J．K．罗琳的成功逆袭，就是一部普通人不放弃、不抱怨、不言败的奋斗史，值得我们每个人学习。

▌第200天▌

名人20：林尚沃

基本情况：林尚沃（1779—1855），朝鲜王朝的巨富，当时朝鲜唯一的"红顶商人"，被称为"朝鲜第一商人"。

创富经历：林尚沃科举考试失利后，开始从事商业。因为他天资聪颖加上汉语能力佳，32岁就成为湾商大房，并看重人参、貂皮的贸易，垄断朝鲜八道以及对中国清朝的商业贸易，终于使义州湾商成为朝鲜第一商团。1811年两西大乱爆发，林尚沃代表湾商出资协助政府平乱，因而获得纯祖的认可，破例赐予林尚沃三品的官阶（当时非两班出身的商人为中人阶级，只有两班才可被授予朝廷官职）。此外，林尚沃积极从善，常常派送粮食给贫困的民众，无论身份如何，他都能一视同仁。另外他提出"财上平如水，人中直似衡"，为后人所称道。1855年林尚沃在自己家中过世，生前只留下20韩元，其余财产全数捐献给国家，享年76岁，在当时堪称长寿。

创富启示：林尚沃曾协助朝鲜王朝平定两西大乱，林尚沃生前并未留下任何庞大遗产，只留下20韩元，其余的财产全数捐献给国家，可谓是韩国商人之典范，所以至今仍是韩国人津津乐道的对象。作为商人，林尚沃虽然取得了巨大的成就，成为朝鲜王朝的巨富，但他懂得功成身退，没有辜负石崇大师对他的期望，修成商佛。林尚沃的事迹在朝鲜名著《稼圃集》中有记载，他的故事被韩国著名作家崔仁浩写成《商道》一书，风靡海内外，有心人可以用心去细看。

◎ 本章作业

1. 本章中哪位名人让你印象最深刻？从中你学到了什么？

2. 除了本章20位名人，你觉得还有哪些名人让你在创造财富上受到启示？

3. 你是否愿意为以上20位名人逐一写下模仿行动手册并——践行？

4. 假设现在有出版社邀请你写一本以上20位名人的传记，请你列出该书的大纲。

第三编

他山之玉

　　第五章讲的是从影片中学致富经。电影是最好的教材。这一章旨在通过介绍电影，提供一种方法和视角，以更加轻松愉悦的方式去提高财商。后面将提供一个有趣的课题：如果给你一次机会当导演来重拍这部电影，你会怎么选址、选演员和怎么重新编剧？请大家用心思考并付诸行动。当然，首要的是大家要先看这些电影。

　　第六章讲的是从书中学财经之道。这章每天介绍一本投资理财方面的图书，其中也有一些是个人的读书笔记和心得体会。希望大家先去借阅或购买所提到的书籍，并带着为该书写续集的想法去阅读，吸取书中精华，争取做到学思结合、用到实际，让书中的知识真正帮助我们做成生意，做好投资理财。

/ 第五章 /

从影片中学致富经

很多人将看电影归为娱乐休闲，而阅读就会被认为是学习。

但是，如果我们用看电影这种娱乐的方式去学习、去感悟、去体会，又会是另外一种体验和效果。

电影中的桥段和对话具有记忆性、趣味性和场景性，如果能用好电影这种好教材，肯定能够达到寓教于乐、乐思结合的效果。

"神奇教练"博拉·米卢蒂诺维奇一直倡导"快乐足球"。其实，创造财富的过程也不应该是枯燥的、纯理论式的、苦行僧式的，创造财富的过程应该是跳出教条、跳出说教的，应该是更加生机盎然、活蹦乱跳的，应该是生动的现实生活和实践过程。

让我们一起在看电影中领悟财商的奥秘吧！

┃第201天┃

电影01：《教父》

国家：美国

导演：弗朗西斯·福特·科波拉

影片概况：在20世纪40年代的美国，意大利裔教父维托·唐·柯里昂（马龙·白兰度饰演）是黑手党柯里昂家族的首领，他与一般的美国黑帮不一样，虽然有违法之处，但也有自己的底线和原则，甚至还守护着一些弱者。随着维托·唐·柯里昂拒绝大毒枭索洛索的要求（毒品生意合作），索洛索就联合其他黑帮对教父家族进行了打击。他们劫持了教父的军师汤姆，还派人暗杀教父，并伏击杀死了教父的大儿子，教父家族处于前所未有的危险境地。在这关键时期，一直无意家族生意和黑帮仇杀的退伍军人也即教父的小儿子麦克（阿尔·帕西诺饰演）回来了，并为父亲的安危挺身而出，不仅独自在医院挽救了教父的性命，还单枪匹马枪杀了警长和索洛索，自己也被迫流浪他乡，后来还被报复失去了第一个妻子。

故事就在这里展开，老教父和新教父如何完成交接班、如何重振家族威望、如何除掉内奸及新教父如何成为新一代家族首领，这些经典桥段，都在血雨腥风中得到淋漓尽致的演绎。

电影财商：这部堪称经典的黑帮巨片，带给我们的不仅是黑道斗争，尔虞我诈，也不仅是正与邪的较量，还有关于家庭的责任、事业的维度、心智的成熟、男人的成长等。就像汤姆·汉克斯在《电子情书》中对梅格·瑞恩说的："它就是我们男人的圣经，那里面包含了所有的智慧。"所以，你应该明白为什么我会把《教父》放在第一位了。

▌第202天▌

电影02：《当幸福来敲门》

国家： 美国

导演： 加布里尔·穆奇诺

影片概况： 克里斯·加德纳是一个医疗器械推销员，他曾经因没交停车费被拘留，曾因交不起租金而住在车站的洗手间，曾因困顿无助而求助教会和救济机构，曾因穷困潦倒妻子离他而去，总之，我们所说的一个中年男子所遇到的种种困境他似乎都曾遭遇过。他就这样独自带着一个5岁的儿子到处推销产品，每天为住宿和三餐而奔波，他就这样艰难地追寻机会、寻找工作、追求幸福。这部电影很简洁流畅，也很真实，就这样，在平凡中，在逆境中，在普通人的挣扎奋斗中，我们一次又一次被感动！

电影财商： 如果一个人没背景，没钱，没学历，还被老婆抛弃，不得不带着孩子到处流浪，最后还能开创自己的基金公司，追寻到属于自己的幸福，那么，你还有什么理由，不在看完这部电影后努力去敲开属于自己的"幸福之门"呢？

▌第203天▌

电影03：《肖申克的救赎》

国家： 美国

导演： 弗兰克·达拉邦特

影片概况：本来拥有幸福生活的安迪，却遭受无妄之灾，进了监狱。他在管理森严的监狱里，没有丧失希望，也没有失去做人的基本原则，在帮助他人的同时，通过理性、耐心、周密的谋划成功逃狱。这是一个关于自由、智慧和梦想的励志故事。

电影财商：这部电影告诉我们如何在困境中保持乐观、积极的心态和耐心，随时随地保持对希望和梦想的热忱，并让不可能的事情变成可能。与其说本片是一个越狱者肖申克的救赎，不如说是我们每一个人对自我的一种救赎。当我们追求财富时，千万不要忘了内心的坚守和底线；当我们拥有财富时，更不要忘了远方的梦想和力所能及的给予和助人。

▌第204天▌

电影04：《华尔街之狼》

国家：美国

导演：马丁·斯科塞斯

影片概况：这是一部赤裸裸地展现人性贪婪、人性狂妄和道德沦陷的电影。20世纪80年代末，股票经纪人乔丹·贝尔福特（莱昂纳多·迪卡普里奥饰演）最初只是一个证券公司的联络员，最终却成了年轻人膜拜的资本巨头。这部影片就是讲述乔丹·贝尔福特如何在3分钟内狂赚1000万美元，在短短几年的时间成为资本大鳄，又如何挥霍无度、享尽繁华的惊心动魄的故事。

电影财商：这部电影涉及股市、资本、金融、商业、营销、口才演讲、"黄金屋、颜如玉"、人性和商业规则，这是一部了解美国华尔街、资本市场以及券商和背后庄家的最佳影片。特别是乔丹·贝尔福特在长岛

一家证券公司展现销售口才的片段，非常值得大家反复琢磨。充满戏剧性的是，乔丹·贝尔福特在出狱后，成了一个销售演讲的讲师。从这部电影中，我们可以了解到证券交易前前后后的幕后细节和故事，也可以知道风险和金融总是相生相伴，金融如果不依法依规，最终会走向不归路。

┃第205天┃

电影05：《商海通牒》

国家： 美国

导演： J．C．陈多尔

影片概况： 2008年，美国爆发金融危机，一家投资银行正忙着裁员，但银行的分析师通过分析发现，这家银行的核心资产房地产债券将大跌，并将导致银行破产！眼看这家投资银行就要关门大吉，高层们连忙召集在一起连夜开会，想方设法挽救企业。最终，银行的总裁决定将投资银行那些即将大跌的房地产债券以低价抛售给不知情的普通民众。虽然这个决定遭到了一些有良知的人的抵制，但毫无作用，抛售行动还是按原计划开展。金融危机中大多数银行和房地产企业都破产了，但这家银行因为这种不道德的行为而挽救了自身。

电影财商： 通过这部电影，你会对投资银行、金融家有更深入的理解。每个银行的背后都有发家史，你如果发现了这里面的秘密，就能更加理解这个金融世界，进而避免一些骗局，也找到不少商机。

▌第206天▐

电影06：《逍遥法外》

国家：美国

导演：斯蒂文·斯皮尔伯格

影片概况：未满18岁的高中生弗兰克·阿巴格诺（莱昂纳多·迪卡普里奥饰演）曾经也是一个富家子弟，但最终因家道中落、父母离异而变得性格迥异，他甚至在学校假扮代课老师而成功报复欺负他的同学。后来，他凭着自己的聪明才智，慢慢走上了一条行骗谋生的道路：假冒飞行员借此乘坐高级飞机和入住高级酒店；利用飞行员身份获取资料信息而伪造支票骗取银行现金；扮过医生、律师甚至还成为一位检察官的女婿，并当上了检察官助理。他就这样一次一次行骗得手，到最后在全美50个州与全球28个国家开出总金额高达600万美元的空头支票，成为美国历年通缉名单上最年轻的罪犯。与此同时，作为金融诈骗案的FBI（美国联邦调查局）调查员乔·夏弗（汤姆·汉克斯饰演）也一直在锲而不舍地调查和追缉弗兰克·阿巴格诺，虽然几次近在咫尺，却一次又一次失手，有一次这个行骗高手就在他面前，而乔·夏弗却被骗放他而去，不过最终乔·夏弗还是把弗兰克·阿巴格诺捉拿归案。后来，弗兰克·阿巴格诺利用自己的经历和才智成为一名帮助警方打击金融诈骗的工作人员。

电影财商：这部电影的可贵之处在于，它不仅仅讲述了一个关于警察抓一个善用诈骗手段的诈骗者的老套故事，还讲述了家庭与孩子、孤独与爱、尊重与人性以及浪子回头等方面的温情故事。而在财商方面，这部电影则通过两位演技派演员的精彩表现告诉我们：赚钱，既要熟悉规则制度，又要熟悉细节，还要想办法超越规则和制度。当然，最大的启迪是，赚钱要走不寻常路，但不能走违法之路。

┃ 第207天 ┃

电影07：《欺诈圣手》

国家：美国

导演：巴瑞·莱文森

影片概况：这部电影还原了美国历史上最大的庞氏骗局案件。纳斯达克前主席、全球瞩目的投资大师伯尼·麦道夫居然是一个世纪大骗子！这对全球金融界无疑是一个天大的讽刺和笑话！这位投资大师居然通过诈骗，洗劫了无数投资人，最终非法获利高达180亿美元。电影原原本本讲述了华尔街金融巨鳄、纳斯达克前主席伯尼·麦道夫导演的世界上最大、最可怕的庞氏骗局，在这个彻头彻尾的世纪大骗局后，有趣的是，居然是伯尼·麦道夫的儿子们把他告发，让他服罪的。正如电影中伯尼·麦道夫所说："16年了，这个秘密不让我老婆、兄弟和儿子们知道，我是怎么做到的呢？"这部电影就讲述了他是怎么做到的。

电影财商：这部电影深刻揭示了所谓的庞氏骗局。庞氏骗局，就是金融"借新还旧"的把戏，就是以高额利息回报为诱饵，吸取越来越多的人加入投资，在此过程中他们极力营造盈利假象，骗取投资人信任，然后骗取更多的投资，榨取更多的金钱。庞氏骗局，就是"空手套白狼""拆东墙补西墙"的金融诈骗模式，这种模式屡试不爽、屡禁不止、花样百出、形式千种，甚至华尔街的精英都难以辨别。所以，如果不想自己的钱被骗子攫取，那请君认真看看这部电影。

❚ 第208天 ❚

电影08：《社交网络》

国家：美国

导演：大卫·芬奇

影片概况：哈佛大学的学生马克成绩优异、精力充沛、精通编程，但他与女朋友交往太直来直往，不懂情趣。马克和女朋友很快就分手了，失恋的马克居然在博客表达了对前女友的不满，甚至侵入学校系统盗取了所有女生的资料，制作了一个名为"facemash"的网站，供自己表达不屑和愤怒，还让学校的同学对女生进行点评，导致哈佛大学的网络崩溃。后来，两个精明的同学找到马克，与他一起建立了一个名叫"the harvard connection"的社交网站，同时他自己又创建了一个名叫"facebook"的网站，不料这个网站引领了整个世界的网络社交潮流，引发了划时代的网络社交革命。那两位同学知道了这个网站后告他背叛偷窃，马克却觉得事实不是这样的，最终马克成了当时最年轻的亿万富翁。

电影财商：这部电影讲的就是亿万富翁马克·扎克伯格的故事。他的成功，他的个性，他的职场和创业经验，无疑非常值得大家认真研究和思考。当然，这部电影的精彩远不止马克的创业史，还有其他关于爱情、关于知识产权和网络营销的内容值得大家去细细品味。

▌第209天▐

电影09：《硅谷传奇》

国家：美国

导演：马汀·伯克

影片概况：大家都知道，个人电脑的产生和普及改变了这个现代世界。这部电影就是讲述了两位科技先驱如何开个人电脑先河、将信息时代推向另一个高度的故事。电影的主人公以美国苹果公司的创办人史蒂夫·乔布斯与微软公司的创始人比尔·盖茨等人为原型，虽然史蒂夫·乔布斯和比尔·盖茨一人在斯坦福，一人在哈佛，但他们处于同样的时代，同样创造了属于自己的伟大时代！他们在车库里创业、推销个人电脑，在出租屋里开发个人电脑软件。他们都获得了风投资金，最终都成为各自领域的领头羊！

电影财商：史蒂夫·乔布斯和比尔·盖茨都是辍学创业，不过在这部电影里，你可以发现这两家伟大企业的开创者，都是时代真正的弄潮儿，他们既相互竞争，又惺惺相惜，他们的精益求精、他们的创新创造、他们对于商业模式的不断推陈出新，就是我们要学习的精华所在。

▌第210天▐

电影10：《大空头》

国家：美国

导演：亚当·麦凯

影片概况：2008年金融危机中，两个投资天才在美国次贷危机中看到了房贷证券要大跌，即房地产泡沫即将到来，而且是大规模来临，于是他们通过与银行签订对赌协议，即巨额做空房产房贷从而获得巨额利益。这部电影通过层层推进，逻辑演化，惊险地重演了2008年国际金融危机的过程，令人触目惊心。

电影财商：这部电影精彩巧妙地揭示了美国房贷、保险和银行的各种复杂政策和利害关系，这里面涉及的种种金融知识是在日常工作中和商学院里学不到、听不到的。我们通过观看这部电影，对经济危机、房地产和银行业都会有一个崭新的认识，这些都将让我们在投资创业的过程中更加清醒稳健。

▎第211天▎

电影11：《颠倒乾坤》

国家：美国

导演：约翰·兰迪斯

影片概况：一个成功的华尔街投资家路易斯和一个流浪街头的乞丐比利，本不该生活在同一个世界里，但他们却偏偏在一个俱乐部聚会中偶遇。于是资本圈的巨富们想出了一个玩乐妙招，那就是让这两个人对换身份。一方面，他们让比利进入富豪圈，并让他成了一个为资本世界打工的有钱人。另一方面，他们逐步诬陷打压路易斯并最终让他无家可归。后来，比利知道了这些富豪的游戏诡计，于是他与路易斯联手，在期货市场中好好玩了一把，把这些幕后富豪都狠狠地教训了一番，并赚了一大笔钱。

电影财商：这部20世纪80年代的精彩喜剧片所呈现的财商非常有价值。它告诉我们无论在哪个圈子，都要有自己的独立判断，才能立于不败之地；告诉我们不能随便玩弄别人、玩弄市场，不然最终会被别人和市场所戏弄；告诉我们内幕消息多数都不可靠，无论是证券市场还是期货市场，都要深入分析、细致研究，不然就会受骗上当。

┃第212天┃

电影12：《监守自盗》

国家：美国

导演：查尔斯·弗格森

影片概况：这部纪录片曾获2011年奥斯卡最佳纪录片奖，通过搜集、整理和分析海量的经济资料，遍访全球金融业的翘楚、政客和记者，论述了2008年金融危机产生的深层原因、过程及深远影响，揭露了金融界所谓精英的肆无忌惮和狂妄贪婪，令人触目惊心。

电影财商：这部纪录片对金融危机、资本市场、房地产泡沫和银行系统等，都有深入的精辟阐述。该纪录片的导演曾说，他拍摄这部纪录片有两个目的：第一，描绘出世界的文化和华尔街真实的面貌，让普通人知道一些华尔街的商人有自己的私人电梯、私人飞机队以及豪华游艇，拿着难以想象的工资，让华尔街投资商知道自己做的事给这个世界造成了多么重大的伤害。第二，告诉人们，如果要分析金融危机产生的原因，那么就必须做足大量的功课，让众多事件的参与者开口说话，去听听他们到底是怎么想的。由此可见，这部纪录片无疑为我们打开了一扇通往了解华尔街金融体系和信用体系的大门。

▮ 第213天 ▮

电影13：《门口的野蛮人》

国家：美国

导演：格伦·乔丹

影片概况：20世纪80年代，刚刚经历股市大跌的华尔街迎来了一项有史以来最大的收购案，即1988年KKR公司收购纳贝斯克公司，引起了各界的轰动和关注。原来，因生产骆驼牌香烟和奥利奥饼干而著名的纳贝斯克公司受到低迷市场影响，股价一蹶不振，为此，经营层寄望于新品牌"总统牌"香烟能够畅销，谁知新品牌研发失败。为了走出困局，以约翰逊为首的纳贝斯克公司高层听从了业界大佬的建议，采用"管理层+杠杆收购"的方式，即公司管理层通过贷款发债的方式融资，充分运用杠杆原理，通过内外部获得的大量资金，从股东手里回购公司股票，活生生地把一个公众上市公司变成一个私人公司。谁知公司的董事提前披露了这一惊天打算，于是华尔街各类投资公司纷纷加入角逐要分一杯羹，其中KKR公司是最有实力的竞争对手。最后更为戏剧性的是，董事会选择了出价较低的KKR公司而非出价最高的公司管理层。

电影财商：20世纪80年代，国企私有化的案例在中国尚属罕见，但如今，中国资本市场"门口的野蛮人"已经在到处掠夺资源。这部电影就是管理层收购和资本运作的最佳影视教材，值得你细细研究。

┃ 第214天 ┃

电影14：《金钱太保》

国家：美国

导演：诺曼·杰威森

影片概况：华尔街著名的收购能手莱瑞，在准备收购一家电缆公司时，遇到了聪明能干的女律师凯蒂。两人能力相当，经常针锋相对，渐渐地两人由竞争对手逐步发展成恋人。面对爱情和金钱，莱瑞进退两难，关键时刻，两人又联手开展了一场反击战。

电影财商：《金钱太保》是一部难得的不偏不倚的商业好电影。你如果认真观看，就可以从中了解到美国的收购法则和商业套路，还可以了解到资本家和工人阶级的各自立场。我们通过这部电影，对美国商业中的各种层出不穷的运作手段会有一个总体印象。

┃ 第215天 ┃

电影15：《男人百分百》

国家：美国

导演：南希·迈耶斯

影片概况：自小混在女人堆里的主人公尼克自以为很了解女人，殊不知只是雾里看花终隔一层。眼看他在公司要升迁了，谁知公司因为经营不善，要调整经营策略，将重心放在女性用品的销售上，于是尼克的升迁一事泡汤了，公司决定空降一位女上司。尼克为此恼火不已却毫无办法。回到家中的尼克因在浴缸意外触电而拥有了可以读懂女人想法的超能力。由此，尼克通过这种读懂女人心的能力，一路好运并帮助公司度过了危机，赢得了公司高层的赞赏也赢得了上司的芳心，还逐步改善了与女儿的关系。

电影财商：该电影通俗易懂，是一部难得的涉及亲子教育、女性行为学、广告学和商业心理学等方面的有趣电影，也绝对是一部让你受益匪浅的商业教材片。在创业、做生意的时候，我们除了自娱自乐，还需要用心倾听客户的声音。

▎第216天▎

电影16：《魔鬼营业员》

国家：英国

导演：詹姆斯·狄登

影片概况：这部影片是根据尼克·李森在监狱中写的《我如何弄垮巴林银行》一书改编的，讲述一个巴林银行员工尼克·李森因妥善处理呆账而升迁，然后被派到新加坡期货交易部门任主管，在此期间，他的一个手下错误地将买入操作成卖出，导致了2.5万美元的损失，于是尼克·李森挪用客户资金自己操作，试图弥补亏损。谁知窟窿越来越大，到最后亏损10亿美元，并最终导致了全球最古老的英国巴林银行的破产倒闭。

电影财商：这是一部金融从业人士必看的商业电影。电影中揭示的巴林银行种种似乎不可能发生的事情，真实发生了。巴林银行的倒闭似乎不可能，却已是在所难免。这就是不尊重职业操守、不遵守市场规律和法

则、不注重内部控制的代价。无论做大生意还是小生意，风险防控都是至关重要的一个环节。我们通过这部电影，对金融风控的重要性会有更深刻的体悟。

电影17：《金钱帝国》

国家：美国

导演：乔尔·科恩、伊桑·科恩

影片概况：大学毕业后，诺维尔在纽约一家金融公司收发室当一个小职员。业余时间，他发明了一种叫呼啦圈的玩具。本来诺维尔的工作生活平静如水，谁知，公司总裁突然自杀身亡，大权落到由保罗·纽曼饰演的马斯伯格身上，这种内部高层的斗争莫名其妙地把他推到了公司高层的位置，诺维尔居然成了这家金融公司的新总裁。马斯伯格本来想要这家公司股票大跌而推广呼啦圈，谁知阴差阳错下呼啦圈竟然创造了很好的业绩，公司股票因此大涨，一场金钱与人性的游戏由此展开。

电影财商：本片作为荒诞的商业喜剧片，笑点频出，让人眼前一亮，同时又对商业圈的各种逻辑进行了无情的讽刺和剖析。通过这部电影，你对公司治理、运作管理和项目投资以及办公室政治等方面都会有新的认识。

▌第218天▌

电影18：《反托拉斯行动》

国家：美国

导演：彼得·休伊特

影片概况：电影讲述了一个反垄断的奇特故事。一边是全球电脑行业的大咖加里，一边是初出茅庐的电脑天才米罗，他们会有什么样的精彩对决？原来，米罗和朋友泰迪在创业过程中，受到电脑行业传奇人物加里的青睐，加里高薪聘请米罗加入他的公司，本来是伯乐与千里马的关系，最后却演变成针锋相对的死对头。后来，米罗与好伙伴丽莎一起，逐步揭穿了这个巨无霸公司背后的险恶和秘密。

电影财商：该电影将矛头直指电脑垄断行业，你可以在电影中了解到科技与金融、创新与变革、生意与人性的种种奥秘。

▌第219天▌

电影19：《发达之路》

国家：美国

导演：赫伯特·罗斯

影片概况：本片又名《成功的秘密》，美国堪萨斯州的青年布雷特，来到了繁华的纽约谋生。他既没有正规大学学历，又没有多少工作经历，在纽约当然寸步难行。后来不得不求助远房叔叔，这个叔叔推荐他到一家

公司当信件传递员。由于他好学进取，逐步赢得了公司上下的好评，后来又与总裁夫人有了情缘，谁知这个总裁夫人就是他的婶婶。有了这层关系，布雷特开始胆大妄为，自己当起了公司一个办公室的主管，于是他一边送信一边主持会议，虽然中途被开除，但最后逆袭，走上了自己的发达之路。

电影财商：赫伯特·罗斯拍的这部喜剧电影充满了对美国商业世界的讽刺，深刻剖析了公司的政治斗争和商业利弊，让我们在欢声笑语中探知到这个疯狂商业世界背后的规则。

▎第220天▎

电影20：《阿甘正传》

国家：美国

导演：罗伯特·泽米吉斯

影片概况：阿甘（汤姆·汉克斯饰演）是一个智商只有75，出生在美国南方亚拉巴马州一个闭塞小镇的小男孩。如果按正常轨迹，他估计也就是一个默默无闻的普通美国人。但命运赋予阿甘的远远不止于此。阿甘的妈妈是一位伟大的母亲，她一直鼓励阿甘要自强自立、奋斗不息。阿甘跟普通孩子一样去上学，虽然遭人嘲笑和戏弄，但他认识了一生的朋友和至爱珍妮（罗宾·怀特饰演），在珍妮和妈妈的双重呵护下，阿甘一直不停地奔跑。他是橄榄球巨星、越战的英雄，也是"水门事件"的揭发者、乒乓外交的使者之一，甚至到后来，成了亿万富翁。贯彻始终的，是他与一生至爱珍妮的分分合合，而最终，他们生儿育女，过上了幸福的生活。

电影财商：这部电影是我们取之不尽、用之不竭的成功富矿。里面有一句话，是我学生时代写作文常常引用的名言："人生就像一盒巧克力，你永远不知道下一颗会是什么味道。"这部质朴的电影，里面有关亲子教育、坚持理想、诚信为本以及永远奋斗的种种细节，都值得我们细细体会品味。我们都是人世间的一个普通人，你如果想成功，想实现梦想，想拥有美妙的人生，就一定要去看看这部精彩的电影。

▌第221天▐

电影21：《冒险之事》

国家：美国

导演：丹尼尔·盖勒、戴娜·古德范

影片概况：硅谷历来是投资创业的圣地。这部纪录片就是讲述创业公司的冒险故事，包括20世纪那些伟大的公司，如苹果、谷歌、思科等公司的发展及遇到困境时是如何突破的，讲述了这些伟大公司背后不为人知的趣事和辛酸喜悦。

电影财商：这部纪录片告诉我们风险和收益总是形影不离，诸如苹果、英特尔、基因泰克、雅达利、谷歌、思科等这些令人瞩目的传奇公司，都是在识别风险、防御风险和超越风险中脱颖而出的，这里面涉及格局、远见、谋略以及果敢和时代大势，值得我们认真观看。

▌第222天▌

电影22：《解构企业》

国家：加拿大

导演：珍妮弗·阿巴特、马克·阿克巴

影片概况：这部纪录片深刻阐释了作为现代社会主流机构的现代企业的本质、演变和未来。在这部纪录片里，我们将跟着镜头去认识企业法人，去了解企业的财务，去探知企业的"人格"和"法规性"，我们还将从中了解到企业与自然、企业与社会、企业与工业革命的种种关系。这是一部不可多得的关于商业、社会、经济发展的纪录佳片。

电影财商：有位前辈曾经跟我说过，历史上有两种发明彻底改变了这个世界：一个是"车轮"，另外一个就是"公司"。在这部纪录片中，你将了解到公司的前世今生，以及企业创立、运作乃至倒闭的种种情形，还可以学习到各种商业规则和常识。

▌第223天▌

电影23：《秃鹫》

国家：日本

导演：大友启史

影片概况：鹫津政彦是日本一位资本运作的高手，他正旅居海外。有一天，他的好朋友芝野来访，并告知他日本大型汽车制造企业"赤间汽车"即将被一个中国买家收购。朋友恳请他出手，阻止这场收购。这时，正是国际金融危机爆发前夕，鹫津政彦回到日本，与这位涉密的中国买家刘一华开展了惊心动魄的商战对决。

电影财商：这部日本电影值得中国的生意人一看再看。一方面，我们可以从中深入了解到日本企业特别是汽车企业的内幕，以及商业经济背后的收购详情；另一方面，我们也可以在里面看到日本这个亚洲经济发达强国的精英、商业企业家是如何看待中国企业家及中国经济发展的，尤其是他们的危机意识、前瞻意识，非常值得我们学习。

┃第224天┃

电影24：《白银帝国》

国家：中国

导演：姚树华

影片概况：清朝时，闻名全国的"金融大鳄"山西票号"天成元"大家族中，三少爷不被家里人看好。但是由于家中男丁无法持家，"天成元"的老爷不得不重新培养三少爷。于是，两代人在掌控这个金融家族的过程中，老一辈和新一代理念难以协调，难免产生争执，比如：老爷要掌控人，少爷要正直待人；老爷要阴谋，少爷要"阳谋"；等等。电影通过描述戊戌变法、八国联军侵华以及清朝灭亡等历史事件，揭示了这个曾经拥有中国各地以及日本、俄国等地23个分号的票号巨贾的创业、守业之艰辛。

电影财商：这部电影围绕"诚信"这个不同于其他地区商圈的晋商精神，让我们从侧面了解晋商汇票制度的形成和运行，甚至通过影片还可以

学习现银运输、存放款乃至身股（即员工配股）的现代银行制度雏形。可以说，这部电影是晋商制度和晋商精神的集中体现。

▌第225天▌

电影25：《中国合伙人》

国家：中国

导演：陈可辛

影片概况：电影以俞敏洪、徐小平、王强3人共同创办新东方、发展新东方，最后新东方成功上市的故事为蓝本，讲述了20世纪80年代到21世纪初，成东青、孟晓骏和王阳3个年轻人从不同的领域走到一起，创立了英语培训学校，不断发展壮大学校，最终实现中国教育企业成功上市的励志故事。

电影财商：这部电影告诉我们怎样在逆境中突破，怎样从不可能中创造属于自己的事业，怎么建立团队，怎么合作，怎么克服困难，怎么做强做优，等等。王石看了这部电影之后说："我很激动，这个题材太值得拍了。因为它反映的是一代人的大背景和中国梦。"我们在创业创富的过程中，所缺乏或需要的，或许不只是知识和资本，更应该是《中国合伙人》中的百折不挠、执着和坚定不移的精神！

◎**本章作业**

1. 本章25部电影中有哪些你看过，哪些没有看过？

看过的请写一句话的观影体会：_____。

没看过的请在观看后写一句话的心得体会：_____。

2. 这些影片作品中有哪些情节或桥段你觉得可以运用到你的日常工作和生活中？

3. 想象你是一名导演，你将拍一部怎么样的关于财富的电影？并尝试写一个简单的剧本。

4. 如果给你一次机会当导演来重拍这25部电影，你会怎么选址、选演员和怎么重新编剧？

/ 第六章 /

从书中学财经之道

关于阅读书籍，似乎怎么强调它的重要性都不为过。

书籍可以慰藉灵魂，塑造性格，增长才干，传承精神，更重要的是，书籍可以让我们成为一个人格健全、人情通透、善良乐观、是非分明和热爱生活的人！

没有书籍养分的浇灌，就没有实践的源头活水。

创造财富，更要从前辈的好书中汲取养分，吸收经验。

想要投资理财，就从阅读开始。

┃第226天┃

书籍01：《人性的弱点　人性的优点》

作者：戴尔·卡耐基

出版社：朝华出版社

财商指引：戴尔·卡耐基的这本书，教你如何去梳理分析人性的优点和弱点，教你如何认识自己、认识别人，教你如何真正赢得别人的心。只有赢得了别人的心，你才有赢得别人的钱的机会。

┃第227天┃

书籍02：《通向财务自由之路》

作者：范·K. 撒普

出版社：机械工业出版社

财商指引：本书作者是交易心理学大师，难能可贵的是，他曾与世界上一些顶级的交易专家、投资专家共事过。这本书是范·K. 撒普的代表作。本书专为交易投资者而写，它不同于一般的技术派，书中强调在自我挖掘和心理因素的基础上，建立属于自己的投资系统，包括"了解自我、准备、设定方案、选择、入市、退市、获利、评估"等全面的投资过程。同时还强调寻找适合自己性情和目标的投资方法，关键是要有良好的心态，这样才会真正达到财富自由的境界。此外，这本书还提到了被其他投资书籍所忽略或一笔带过的投资重要环节，如预期、头寸规模、目标、大环境和资金管理等。

▌第228天▐

书籍03：《思考致富》

作者：拿破仑·希尔

出版社：中国发展出版社

财商指引：晚年的"钢铁大王"安德鲁·卡耐基向聪慧好学的拿破仑·希尔讲述了成功的秘诀，并问他是否愿意用20年甚至更长的时间把致富秘诀传授给世人。拿破仑·希尔表示愿意。从此，他信守承诺，一生致力于研究和传播成功人士的致富秘诀。《思考致富》就是他在这方面的研究结晶。

这本书不是以说教的形式来阐述观点，也不是投资理财书，而是一本经典的成功人格心理学著作。作者毫无保留地将自己20多年来对成功人士的采访，用简洁精准的语言描述成功的13个步骤，但是他又强调："所有的成就、所有辛苦所得的财富，都有其意念的源泉！如果你已经准备去寻找它，那么你已经拥有了这个秘诀的一半。"

▌第229天▐

书籍04：《小狗钱钱》

作者：博多·舍费尔

出版社：南海出版公司

财商指引：12岁的小女孩吉娅收养了一条受伤的小狗，并取名为"钱钱"。岂知这居然是一条不但会说话，还会理财的神仙狗。于是，小狗钱钱彻底改变了吉娅一家人的财富命运，吉娅一家的生活也从此发生了翻天覆地的变化。

通过本书，你将在故事中学会如何支配金钱，如何像富人那样思考，如何投资理财、积累财富，如何早日实现财富自由。

这本书还有少年漫画版，可以给小朋友当睡前故事看！

▌第230天▌

书籍05：《富爸爸　穷爸爸》

作者：罗伯特·清崎、莎伦·莱希特

出版社：南海出版公司

财商指引：高学历的"穷爸爸"，一路带着清崎上大学、服兵役、参加越战，日趋平凡。1977年，"穷爸爸"失业了！"穷爸爸"的好朋友"富爸爸"却走上了另外一条致富之路。后来，清崎跟着"富爸爸"的脚步，也走上了致富的快车道。

清崎以亲身经历的财富故事告诉你：什么才是正确的资产负债的概念；什么是财富的四个象限；什么是"穷爸爸"和"富爸爸"的金钱观和财富观，即穷人为钱工作，富人让钱为己工作。

▌第231天▐

书籍06：《穷查理宝典》

作者：彼得·考夫曼

出版社：上海人民出版社

财商指引：作为沃伦·巴菲特的最佳拍档，查理·芒格似乎比沃伦·巴菲特还更具有传奇性和故事性。如果你真的想从这位智者身上学习一些有用的投资理念，希望你翻开这本书。

《穷查理宝典》一书收录了查理·芒格过去20年来主要的公开演讲内容，包括《芒格的生活、学习和决策方法》《芒格主义：查理的即席谈话》等。在这本书里，你可以领略到沃伦·巴菲特的最佳拍档查理·芒格的投资智慧、价值观。

▌第232天▐

书籍07：《股票作手回忆录》（彼得·林奇点评版）

作者：杰西·利弗莫尔

出版社：中国青年出版社

财商指引：历史上有一位很有名的市场投机者——杰西·利弗莫尔，关于他的投资生涯回忆录《股票作手回忆录》，在国内有很多种版本。

我强烈推荐由中国青年出版社出版的《股票作手回忆录》（彼得·林奇点评版）。对于一些领域的经典书籍，如果有同一水平线的高手的点评版，是再好不过的。这倒不是为了解读经典书籍的深奥之处，而是为了发现一些看似平淡无奇却暗藏玄机的妙处。这些内容是没有亲身经历或还没具备一定领悟力的读者容易忽略的地方。当然，一个投机天才，一个投资奇才，这两个人智慧火花的碰撞，已经足以给读者投资启迪了。

▌第233天▐

书籍08：《股票大作手操盘术》

作者：杰西·利弗莫尔

出版社：中国人民大学出版社

财商指引：作为《股票大作手回忆录》（中国人民大学出版社）的姊妹篇，这本《股票大作手操盘术》也有很多版本，我强烈推荐由中国人民大学出版社出版的版本。因为这个版本有张翎先生的导读。其实张翎先生的每一篇导读，都是可以单独成章的深刻、精彩的投资心法，包括这本书的序，也是一篇非常独到的投资文章。希望大家认真地、反复地研读，相信对每一个投资股市的人都会大有裨益。

本书是上文提到的投机天才杰西·利弗莫尔的实战笔记，你将通过这本书真正了解到这位百年难遇的投机天才是如何在经济繁荣和经济低迷的时候都能赚得盆满钵满。

我们在这本书里可以学到杰西·利弗莫尔的实战心法，同时又可以领略到张翎先生关于投资的奇思妙想。这里一定要提到的是书中第九章的"实战攻略"，里面有杰西·利弗莫尔在1938年3月至1940年2月期间写的美国钢铁及伯利恒钢铁两家公司的股价记录和详尽的准则及说明。看了这份记录，你就会明白：所谓的天才，所谓的成功，真的不是一时兴起，而是把一件事情做到了极致，做到了全心全意才能达到的一种状态。

▌第234天▐

书籍09：《投资最重要的事》

作者：霍华德·马克斯

出版社：中信出版社

财商指引：从这本书中，你可以学到伟大投资者霍华德·马克斯从他自己逆向思考并逆向投资的40多年投资经验中总结提炼出的18件投资最重要的事，这也是他认为的18种最重要的卓越投资技术。

▌第235天▐

书籍10：《股市投资致富之道》

作者：菲利普·A. 费雪

出版社：广东经济出版社

财商指引：《股市投资致富之道》一书，是菲利普·A. 费雪经典名著《怎样选择成长股》（这也是一本非常值得细读的经典之作）的姊妹篇，是影响了美国几代投资者的实践宝典。这本书告诉你应该如何确定一家公司是否具有优秀的管理层，是否可以实现市值长期高速增长，同时又告诉你应该怎样掌握股票的最佳买卖时机。

有一位叫"旁观者"的网友曾这样评价菲利普·A. 费雪的这两本书：本杰明·格雷厄姆教给你的是保命，是死中求生；而菲利普·A. 费雪告诉你的是沙里淘金。说得非常到位。

▌第236天 ▌

书籍11：《证券分析》

作者：本杰明·格雷厄姆、戴维·多德

出版社：中国人民大学出版社

财商指引：一代咏春拳宗师叶问，所授高足众多，成就最出众的肯定是大家所熟知的李小龙。同样，作为一代证券宗师的本杰明·格雷厄姆，也有不少高足和信徒。其中，最能传其衣钵的莫过于"股神"沃伦·巴菲特。沃伦·巴菲特在哥伦比亚大学读研究生时的导师正是本杰明·格雷厄姆，沃伦·巴菲特曾多次公开表示，他的投资理论的85%来自本杰明·格雷厄姆。

关于这本书，沃伦·巴菲特说："在我丰富的藏书中，有四本我特别珍视。"其中的两本，居然就是《证券分析》：一本是1940年版的《证券分析》；另一本则是2000年由该书作者戴维·多德的女儿赠予的1934年版的《证券分析》。

毋庸置疑，你将在本书中学到原汁原味的实用技巧和价值投资的精髓。

▌第237天 ▌

书籍12：《聪明的投资者》

作者：本杰明·格雷厄姆

出版社：人民邮电出版社

财商指引：此书被誉为"投资股市的圣经"，也是沃伦·巴菲特投

资思想的源泉。这本书介绍了防御型投资者与积极型投资者的投资组合策略，并对基金投资、投资者与投资顾问的关系、普通投资者证券分析的一般方法、防御型投资者与积极型投资者的证券选择、可转换证券及认股权证等内容进行了深入的阐述。

┃ 第238天 ┃

书籍13：《彼得·林奇的成功投资》

作者：彼得·林奇、约翰·罗瑟查尔德

出版社：机械工业出版社

财商指引：在投资世界里，有一些投资奇才就好比武侠小说中的段誉、李寻欢，他们的武功你想学也学不来。但是彼得·林奇不一样，他就好比乔峰、张无忌，一招一式都是通过后天学习而获得的。

这本《彼得·林奇的成功投资》，正是这位被誉为"全球最佳选股者""历史上最传奇的基金经理人"，为广大中小投资者撰写的简单易学的"选股武功秘籍"。

┃ 第239天 ┃

书籍14：《战胜华尔街》

作者：彼得·林奇、约翰·罗瑟查尔德

出版社：机械工业出版社

财商指引：读这本书的正文之前，我个人还要先推荐这本书的三篇推荐序，即张志雄《勤奋的兔子》、张荣亮《投资也需要战斗精神》和译者刘建位的序，这三篇文章是本书的精彩导读，跟本书内容一样不容错过。

《战胜华尔街》是继《彼得·林奇的成功投资》后的一本难得的选股实战教科书和案例汇集。本书用通俗易懂的文字，讲述了彼得·林奇本人是如何正确选股，如何避免选股陷阱，如何选出涨幅大的牛股，如何管理投资组合。书中还有21个精彩的选股经典案例和25条投资的黄金法则，大家赶紧去阅读吧！

▎第240天▎

书籍15：《彼得·林奇教你理财》

作者：彼得·林奇、约翰·罗瑟查尔德

译者：宋三江、罗志芳

出版社：机械工业出版社

财商指引：我对彼得·林奇的喜爱，超过了对其他投资圣人的爱，如沃伦·巴菲特、乔治·索罗斯、威廉·江恩等。或许是因为他不弄虚作假，或许是因为他的理论通俗易懂，又或许是因为他的作品总是有你意想不到的惊喜细节。

在这里，我再推荐一本彼得·林奇的封笔之作《彼得·林奇教你理财》。在书中，彼得·林奇和他的合伙人再次用风趣幽默的语言提醒你，该"开始留意身边的上市公司"了。你将了解到"美国股市的前世今生""股市投资的基本原理""上市公司的生命周期"以及"上市公司的成功秘诀"，在附录中还能学习"常用的选股工具""学会看财务

报表"。

同时，我还推荐该书两个特别值得一读的地方：

第一，"TOP25上市公司的企业英雄杰出贡献榜单"和"企业英雄榜"。在这里，你可以从伟大企业家的"重要贡献"里看到他们是如何创建企业、改变企业、做大企业的。在言简意赅的几句话里，你的思绪已飘到了企业的现场。

第二，译者后记的文章《我有一个梦想》。这是一篇好文章，不亚于任何在一流财经杂志中发表的关于投资致富的文章！

▌第241天▌

书籍16：《选择做富人》

作者：徐建明

出版社：机械工业出版社

财商指引：这是一本以小说故事化的形式，讲述关于财富、投资、经济的好书。该书作者徐建明先生是理财界的先驱和翘楚。有好的作者打底，那么阅读这本书将会对各位投资理财者大有裨益。通过书中12个现实生活中实实在在的例子，全景式透视财富伦理与财富运动轨迹，你将在案例中轻松学到全面的金融、投资、理财知识，如果你边学边用，相信你的创富功力肯定会猛增。

▌第242天▐

书籍17："创富三部曲"和《非富不可——曹仁超给年轻人的投资忠告》

作者：曹仁超

出版社：中国人民大学出版社

财商指引：香港"股神"曹仁超，是香港股市浮沉40年中十分睿智的见证者。他从5000港元起家，经历过投资的低谷和高潮，包括两次完败，最终还是靠炒股成为亿万富翁。曹仁超先生生前每周六在《信报》所写的《投资者日记》，是香港股民翘首以盼的投资指南。

曹仁超先生的"创富三部曲"（《论性——曹仁超创富智慧书》《论势——曹仁超创富启示录》《论战——曹仁超创富战国策》）和《非富不可——曹仁超给年轻人的投资忠告》，均由中国人民大学出版社出版，为天窗文化集团所策划。

另外，值得一提的是，曹仁超先生还明确将《非富不可——曹仁超给年轻人的投资忠告》一书的所有版税均赠予冰心女儿吴青创办的北京昌平农家女实用技能培训学校，可见曹仁超先生的仁心仁德。

▌第243天▐

书籍18：《投资中最简单的事》

作者：邱国鹭

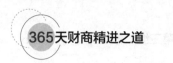

出版社：中国人民大学出版社

财商指引：这是一本完全可以和《投资最重要的事》相媲美的书。虽然本书作者到目前为止还没有取得像霍华德·马克斯那样的足以傲视沃伦·巴菲特的业绩（邱国鹭的业绩也是投资业界充分认同的），但他在这本书中呈现的投资心法和实操策略，其境界和层次与《投资最重要的事》不相上下。

正如作者在书中提到："我还努力奉行一些简单的原则，例如：第一，便宜才是硬道理。第二，定价权是核心竞争力。第三，胜而后求战，不要战而后求胜。第四，人弃我取，逆向投资。"作者在书中通过大量国内的实战案例，阐释了上述"投资中最简单的事"，也是"最本质的东西"。

在该书中，你将领略到作为国内顶尖的价值投资的践行者，如何以深入浅出的文字进行"化繁为简"的投资实操。

至此，一直在股市沉沉浮浮的你，应该已经想要捧起这本书开始阅读了吧？

▌第244天 ▌

书籍19：《投资中不简单的事》

作者：邱国鹭、邓晓峰、卓利伟、孙庆瑞、冯柳等

出版社：四川人民出版社

财商指引：本书是《投资中最简单的事》的姊妹篇。里面汇集了高毅资产6位国内知名价值投资者的26篇投资心得，包括对人性的揭示、对市场不确定性的解读，以及在优秀公司的成长路径和内在逻辑，非常切合国内投资的环境和国内投资者的心态。在这本书中，6位作者将他们怎么选

行业、选个股，怎么研究公司的心路历程娓娓道来，这些对普通投资者而言，无疑是投资荒漠中的清凉甘泉，实在是上佳的中国坚守价值投资的实操建议书。

▮ 第245天 ▮

书籍20：《财富自由之路》

作者：李笑来

出版社：中国工信出版集团/电子工业出版社

财商指引：这是一本值得一读再读的有思想、有内涵、有见解、有案例的财富之书。李笑来在书中讲了很多成功人士不会讲，也未必讲得到位的通往财富自由之路的真知灼见。在书中，你将学习如何换脑筋、换思维，而且绝对是更好用的、更高级的、更智慧的脑筋和思维。

▮ 第246天 ▮

书籍21：《7分钟理财》

作者：罗元裳

出版社：机械工业出版社

财商指引：相信关注理财微信公众号的朋友都会被"7分钟理财"这个理财团队吸引。这本《7分钟理财》，就是这个微信公众号的创始人，27岁

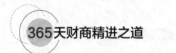

成为银行支行行长的罗元裳撰写的理财好书。

通过30天的学习，你将学到如何搬开阻挡你致富的4块拦路石，如何实现稳健理财的四步法，如何投资基金、股票、黄金与外汇等投资理财技能。

▎第247天▎

书籍22：《好好赚钱——通向自由人生的极简理财课》

作者：简七

出版社：中信出版社

财商指引：这是一本难得的对理财有独到精辟见解的书。这是一本真正适合大家的理财指南书。

在这本书里，简七女士用非常贴近生活、贴近你我的有温度的文字为我们详细讲解：投资的本质、致贫的因素；如何赚取第一桶金；怎么分析自身财务状况；如何甄别和选择理财产品；怎么投资指数基金；如何用5份说明书轻松理财；等等。

读了这本书，你会有两个冲动：第一，马上着手投资理财；第二，你会再买一本，送给最合适的人阅读。

┃ 第248天 ┃

书籍23：《创业的常识》

作者： 艾诚

出版社： 中信出版社

财商指引： 个人认为，这是一本现代创业者一定要读三遍的书。

在书中，才女艾诚用非常温暖的笔触，向我们道出创业的常识、法则和关键，用非常到位的语言，开放性地解答了"人人都可以创业吗""谁是创业成功的少数人""创业的风口是什么""如何组建创业核心团队""创业初期如何选择投资人""如何设计商业模式""怎么管理创业团队""如何让你的公司更值钱""如何面对创业逆境""如何成功退出"这10个创业的核心问题。

还等什么，赶紧去翻开这本书吧！

┃ 第249天 ┃

书籍24：《创业教我的50件事》

作者： 王文华

出版社： 中信出版社

财商指引： 关于台湾的若水公司，可能知道的人不多。如果你也没有听过，我建议你去看看这个公司的网站。若水公司在其网站上关于"关于若水""我们相信""我们创造""我们是谁"的阐述，一定会让有思想

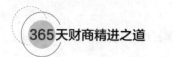

的你为之一动，产生共鸣。这里试举两个关于若水公司的例子："关于若水"："我们的logo是半满半空的水杯。提醒我们永远为匮乏的那半个世界努力。""我们是谁"："在这里，有企业界的老手和新星，利他和共好是共同的DNA。我们透过工作，改变世界。"

这本书，就是这家"没有领带、高跟鞋，只有随性和自由；没有奉承话、废话，只有真心的表达"的奇特公司一路成长的体会。

书中有关于若水公司创建成长的50条真诚心得，书后还有本书作者、畅销书作家、知名经理人、目前经营"梦想学校"的王文华先生的45条创业心得。

┃ 第250天 ┃

书籍25：《金钱有术》

作者： 知乎

出版社： 中信出版社

财商指引： 知乎上的高质量问答相信已被大家认同。同样，这本由知乎编著的《金钱有术》绝对是一本有真知灼见的高质量之书。这本书将告诉你如何做一个财富自由的人，报表在致富之路上起到什么作用，银行用我们的钱去投资了什么，小公司怎么才能更好地赚钱，中小企业贷款难是怎么回事，基金经理通常有哪些消息源。

◎ **本章作业**

1. 请你从图书馆借阅或自己购买本章提到的25本书，每本至少通读1遍，并用一句话总结每一本的概要。

2. 请你从本章25本书中精选出3本书至少读两遍，并给这3本书各写一段书评。

再选出两本书至少读3遍，并给这两本书各写一篇心得体会。

最后选出1本书至少读4遍，并用单独的一个笔记本，详细写下每一遍的读后心得。

3. "书中自有黄金屋"，请大家就"黄金的前世今生"，找5本以上的参考书，写一篇字数不限的论文。

4. 如果你要写这25本书的续集，你会从哪些方面入手？

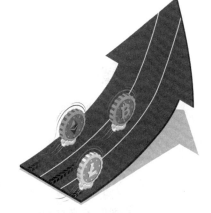

第四编

知行合一

　　第七章是行动指南。看了，想了，说了，都不是自己的，只有做过了并做到了，才是真正属于自己的财富。希望读者高度重视这一章的内容，你可以根据自己的实际情况去修改、去完善，甚至去制订更适合自己的行动方案，但关键是你一定要去做，要去实践，直到自己真正有所领悟，有所收获，有所提高。

/ 第七章 /
行动指南

美国作家辛克列尔·利尤依斯应邀给文学系的学生授课，主题是"怎样成为文学家"。辛克列尔·利尤依斯开场就提出一个问题："在座有谁真的想当文学家？"学生们都举手表示愿意。"要是这样，"辛克列尔·利尤依斯立即把讲义塞进口袋说，"我给你们提个建议：回家去练习写作！"说完，他大步离开了教室。

是的，心动不如行动！做了，你就有可能成功；不做，你永远不可能成功。

我国经典古籍《孙子兵法》中有"五事七计"之说，其中"五事"为：道、天、地、将、法。在第四编《知行合一》中，我将本章115个行动系统归入"五事"范畴，以便读者对号入座、有的放矢、逐一实践。

道：孙子原意为"君道"，即政治。我在这里引申为创富的"思想基础"，属政治经济学范畴。

天：原意为"顺应天时"。我在这里引申为创富的第一个支撑，即"金融和资本运作"，实操即为投资理财。

地：原意为"借助地理地利"。我在这里引申为创富的第二个支撑，即实实在在的"实体创业"。

将：原意为"任用贤能、将帅调配"。我在这里引申为"自我成长和个人提升"。

法：原意为"法治、军纪"。我在这里转述借用一下，意为创富的"方式方法"，即一些具体的实操和法则。

让我们马上开启创业创富的行动之旅吧！

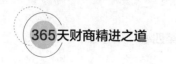

道（政治经济）

▌第251天▐

行动001：马上开始创造财富之旅

是的，马上开始，从这一刻就开始你的创造财富之旅。创造财富，投资理财，越早越好。早10年，早1年，早1天开始，就不一样。不管你是投资理财，还是创业投资等，现在就开始行动，不要怕早，也不要怕晚，现在刚刚好！

▌第252天▐

行动002：确定一个致富的目标

做任何事情都要有目标。你或许有过致富的梦想，但是你从来没想过要具体到什么程度，更没有把目标写出来。你只有清晰地知道富裕的具体金额、时间和方式，才有机会获得财富。

那么现在，请你认真思考自己的致富目标。目标要具体化，即：从今天开始，我要用__年的时间，实现拥有货币现金__元，股票__元，其他投资组合__元，房产价值__元的财富目标。

▌第253天▐

行动003：找生命中的一位导师

你今天要做的唯一一件事，就是想办法去找一位导师。

这位导师，可能在工作方面是你的前辈或上司，也可能是在投资理财、市场营销、写作演讲或者健身方面比你更有经验、更有成就的人。总之，你一定要有一位导师。

同时你还可以把王永庆、马云等企业家当作你自己不见面的导师。你可以买一本他们的权威传记，熟读三遍。然后，你自己遇到什么困难，你就想："如果我是王永庆或马云，我会怎么去解决问题？"

▌第254天▐

行动004：不要再说"没有钱"

很多人一想到投资理财，就会说："我没有钱。"或"我工资都不够花，怎么去投资理财？"

其实，创造财富，并不需要很多的初始资金；其实，没有钱才更需要去投资理财。所以，从现在开始，把"没有钱"从你的词典里永远删除掉。

100万元有100万元的投资理财方法，100元有100元的投资理财方法，所以，关键不是"没有钱"，关键是你"有没有想法和办法"。

▌第255天▐

行动005：通读一本投资理财书

去买一本综合型的投资理财书，基础入门的就可以，利用一天的时间，好好翻阅，做一个投资理财架构图，把"类型""方法""注意事项"等列出来，这样你对投资理财就有了一个大概的认识，这对于你选择正确的投资方法有莫大的帮助。

别小看这个动作哦，一定要马上去买，马上去看（可以参考前面推荐的理财书籍）。

▌第256天▐

行动006：搜罗你所能找到的一切资金

把你所有能找到、能变现的资金都盘出来，理一遍，把备用金和日用金留下，其他的都可以作为投资资金。

不用的物品、过季的衣服乃至旧家具，都可以卖掉，把各种账户的钱都集中起来，然后看看自己能动用的资金有多少。

▌第257天▐

行动007：分析自己属于哪种投资人

你的性格决定了你的投资倾向和方法。

去网上找一套投资类型测试题，下载后如实答题，然后你就大致知道自己属于哪种投资人类型。一般来说，投资人类型可以分为"保守型""平衡型""综合型""激进型"等，根据这些类型，你应该按照你的投资性格来决定你的投资方法。

▌第258天▐

行动008：理解投资、理财和金融的概念

投资、理财和金融，是三个最基本的财富概念。

投资，是通过现时的经济投资行为来获取未来收益的行为。它的关键是未来收益，同时也伴随着风险。

理财，是把现有的资产效益最大化，它的关键是保值增值。

而金融，是一个非常宽泛的概念，它包括投资、银行、信托、保险、租赁、证券、外汇等。

等真正理解了这三个基本概念，你才有机会去牛刀小试。

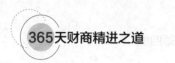

▌第259天▐

行动009：理解GDP的概念

国内生产总值（GDP）：能够反映一个时期内该地区的整体经济状况。GDP里面蕴含了不少关键的经济运行信息和资料，值得我们去深究。

▌第260天▐

行动010：理解CPI的概念

消费者物价指数（CPI）：作为反映与居民生活有关的商品及劳务价格变动的关键指标，被用来考量通货膨胀的水平和程度。对CPI的理解认识有多深，代表你对经济运行情况尤其是货币购买力等的理解有多深。

▌第261天▐

行动011：理解汇率的概念

汇率，说白一点，就是一个国家的货币兑换另一个国家的货币的比率。汇率问题可不是小事，而是事关进出口、物价、资本流进流出的重要指标。所以，我们要理解汇率的概念和实质。

▌第262天▐

行动012：理解预期收益率

预期收益率是指期望的收益率，即银行在发行理财产品的初期，对产品的最终收益率的一个估值，但并不代表银行理财产品到期的实际收益率。同时，预期收益率的高低不能说明投资风险的高低，需要投资者进行多方面考察。

▌第263天▐

行动013：理解年收益率

年收益率是指一笔投资一年的实际收益率。特别要注意的是：年化收益率与年收益率不同，年化收益率是变动的，是把当前收益率（日收益率、周收益率、月收益率）换算成年收益率来计算的。看例子：

某款90天的银行理财产品，年化收益率是5%，你若投资10万元，到期的实际收益为100000×5%×90/365≈1232.88（元），而不是100000×5%=5000（元）。

▎第264天▎

行动014：理解市盈率

市盈率是资本市场和上市公司一个非常重要的概念，指的是在一个考察期（一般为1年）内，股票的价格和每股收益的比率。投资通常利用这个比值来对某只股票进行估值。一般情况下，一只股票市盈率越低，表明投资回收期越短，投资风险就越小，股票的投资价值就越大。但是，往往要结合其他指标来看综合估值。

▎第265天▎

行动015：理解银根

银根是指中央银行的货币政策。中央银行为了减少信贷供给，提高利率，消除因需求过旺而带来的通货膨胀压力而采取的货币政策，称为"紧缩银根"；而中央银行为了阻止经济衰退，通过扩大信贷规模，降低利率，促使投资增加，带动经济增速而采取的货币政策，就称为"放松银根"。

Ⅰ第266天Ⅰ

行动016：认识头寸

头寸在金融业是非常普遍的常识性概念，也称为"头衬"，就是款项的意思，是金融界和商业界的流行用语。头寸是一种市场约定，承诺买卖合约的最初部位。买进合约者是多头，处于盼涨部位；卖出合约者为空头，处于盼跌部位。

头寸也指投资者拥有或借用的资金数量，就是资金，指的是银行当前所有可以运用的资金的总和。

Ⅰ第267天Ⅰ

行动017：理解沉没成本

沉没成本，指的是由于过去的决策已经发生了的，而不能由现在或将来的任何决策再改变、挽回的成本。沉没成本与当下决策毫无关系，所以，最理性的做法是你必须忘掉沉没成本，继续前行。

Ⅰ 第268天 Ⅰ

行动018：理解个人所得税

个人所得税是调整征税机关与自然人（居民个人、非居民个人）之间在个人所得税的征纳与管理过程中所发生的社会关系的法律规范的总称。

2018年8月31日，《全国人民代表大会常务委员会关于修改〈中华人民共和国个人所得税法〉的决定》通过，基本减除费用标准调至每月5000元，自2018年10月1日起实施。

个人所得税是我们个人要面对的第一大税，一定要高度重视，并多征询税务专家的意见，争取合理合法的减税、避税。

Ⅰ 第269天 Ⅰ

行动019：善于找资源

定下目标后，就要想方设法去寻找资源，也就是"生产要素"。只要你敢去想，敢去做，就一定能找到你所需要的资源。不要一开始就想着做不成，一定要想到，只要找到了资源，就能实现愿望。

▌第270天▐

行动020：培养"化合物"思维

很多时候，单一的思维并不能解决问题，更不能赚到钱。比如大家都说要充分利用复利，甚至说只要用好了复利，就能躺着赚大钱。其实，复利要和另外两个因素一起搭配使用才能真正赚到大钱，那就是要有足够的本金和时间。如果你只有100元，给你一年时间，再强大的复利也赚不了100万元。所以，很多时候都是综合因素在起作用，就像化学中的"化合物"，只有几样东西或因素综合起来才能真正发挥作用。

▌第271天▐

行动021：一定要有"被动收入"

所谓的被动收入，就是你基本不用花时间、精力去打理就可以自动获得收益的收入项目。就是《小狗钱钱》中说的"会下金蛋的鹅"。

你房子的租金、你的存款利息、股票分红、投资分红等，都是你的被动收入，你要多想办法增加你的被动收入，只要被动收入多了，你离财富自由就近了一步。

▌第272天▐

行动022：要有自立门户的胆识

一直打工、寄人篱下不会有大出息，除非你是"打工之王"。一味想领稳定的工资，你可以选择做一辈子的打工仔，但是如果你要想赚大钱，就一定要自立门户，自己做老板。你要有雇人帮你赚钱的野心和信心，不然你单打独斗很难熬出头。

▌第273天▐

行动023：用钱买时间

你的时间很重要，有时重要到要用钱去购买时间、节省时间。相信我，如果权衡过后，这件事情让别人来做更省事省心，那你就要舍得用钱去买别人的时间，用买下来的时间去做你擅长的事情、你喜欢的事情，你得到的不只是时间，还有幸福感。

天（投资理财）

┃第274天┃

行动024：计算出自己的净资产

要达到自己的致富目标，首先要知道差距还有多大。

你今天要做的，就是要算出自己的净资产，即算出自己的总资产，再减去负债项，就是自己的净资产。

┃第275天┃

行动025：计算每月的大额收入和支出

我们要清清楚楚地知道，自己每月到底有多少钱入账，又要花掉多少钱。我们要在记账的基础上，做收支两条线的汇总和梳理。

┃第276天┃

行动026：储蓄两年的生活支出费用

现在就拿出纸笔，计算出你每年需要的花销，然后乘以2，得到你两年

需要支出的总费用。

然后就开始储蓄吧！马上去银行开一个账户，把能省的钱都省下来，存进去，账户不够两年的生活支出绝不取出一分钱。

▌第277天▐

行动027：连续4周，每周减掉一项开支

从本周开始，连续4周，你都要从自己的日常开销中减去一项不必要的常用项目，绝不犹豫。直到下个月，你的每月支出就减少了这四项的开销。

▌第278天▐

行动028：认识银行

银行，是投资理财必须要深入认识的首要金融机构。

银行，是依法经营存款、贷款、汇兑、储蓄等业务，充当信用中介和支付中介的金融机构。下面我们再来看看银行的大概分类：

中央银行：中国人民银行、美联储、英格兰银行等。

监管机构：中国银行保险监督管理委员会，即银保监会。

自律组织：中国银行业协会（CBA）。

银行业金融机构主体：政策性银行（国家开发银行），国有商业银行（中国工商银行、中国农业银行、中国建设银行、中国银行、交通银行、

中国邮政储蓄银行），全国性股份制中小型商业银行（招商银行、浦发银行、中国民生银行），城市商业银行，农村金融机构（信用社），外资银行和其他非银行类金融机构（小额贷款公司）等。

▎第279天▎

行动029：开4张银行储蓄卡

储蓄，可以集腋成裘。在投资理财之前，我们先开4张银行储蓄卡：1张储蓄卡只存钱不支出；1张储蓄卡存储应急资金；1张储蓄卡存储养老费用或小孩的教育费用；1张储蓄卡用于投资理财。

完成这个行动，你已经比50%的人在投资理财上先走了一步。

▎第280天▎

行动030：认识单利

单利，即以初始本金为基数，计算所得的各期利息；单利对本金产生的利息不再计算利息。一般来说，定期存款都是按单利计息。

单利的计算公式为：$I=P \times r \times n$（其中，I是利息金额，P是本金，r是利率，n是存续期限）。

❙第281天❙

行动031：认识复利

复利，即"利滚利"，是由本金加上先前周期所积累利息总额来计算利息的方式，就是以"本利之和"作为下一期本金继续生息，就是利息也产生利息。活期存款是按复利计息的，即"按季复利"。

复利的计算公式为：$S=P\times(1+r)^n$（其中，S为复利总额，P是本金，r是利率，n是存续期限）。

❙第282天❙

行动032：了解定期存款、活期存款

今天来了解一下定期存款和活期存款的基本概念。

定期存款，是一种在存款后的规定时期才能提取的款项，或者在提款前若干天通知银行才能取出款项的银行存款方式。定期存款期限越长，利率越高。

活期存款，是一种不需要事先通知，储户可以随时存取和转让的银行存款。活期存款流动性强，弊端是存取手续较为复杂、成本高、利率低。

┃ 第283天 ┃

行动033：认识名义利率和实际利率

名义利率和实际利率是两种较为普遍又比较重要的利率类型。

出现名义利率和实际利率是因为金融机构的计息时间单位和计息期不一致。

总的来看，名义利率是按照单利的方式计算的，而实际利率是按照复利的方式来计算的。例如：存款的月利率为0.65%，1年有12个月，名义利率即为0.65%×12=7.8%，而实际利率则为（1+0.65%）^{12}−1=8.1%。

一般来说，哪一个国家的实际利率更高，热钱就会流向哪个国家。所以，名义利率和实际利率的变化是投资者一定要关注的。

┃ 第284天 ┃

行动034：选好银行理财产品

银行理财产品，是大众理财的首选。银行理财产品具有收益较高、流动性好、风险较低的优点，但是也存在良莠不齐的情况。大家可以先从银行理财产品的"风险测评""经理人业绩""预期收益率"以及"产品终止权""银行综合水平和服务质量"等方面进行综合评估。

另外，还有一个小技巧，那就是多认识几个银行理财部门的人员，多和他们沟通联系，从中可以得知很多银行理财的真实情况。

▌第285天▐

行动035：今天实践"十二存单"法

今天我们先学习一个积少成多的储蓄办法，很简单，就是连续12个月每月存入一个1年期的固定金额，1年后你将会得到12张存单。然后你再逐月把本息再存1年定期，到最后你就有了12张年年、月月循环的储蓄存单啦！

▌第286天▐

行动036：今天实践"零存整取"法

今天开始储蓄的第二个行动，就是把固定的整钱如"500元""1000元"存入银行，存期有1年、3年和5年三种；如有漏存，可在次月补齐，否则按活期计算利息。这是逼着我们积累财富的好办法哦，非常适合暂时工资较少的伙伴们。

▮第287天▮

行动037：今天实践"整存整取"法

整存整取从50元起，存期可分3个月、6个月、1年、2年、3年和5年，主要是"约定存期支取本息"。这种储蓄方法也考验你致富的意志力哦！

▮第288天▮

行动038：今天实践"通知储蓄"法

"通知储蓄"法很适合白领使用，具体操作方法为一次存入一定金额资金，然后在约定的1天或7天后，一次或分次支取。

这样的储蓄方法既能获得利息又有灵活性，何乐而不为？

▮第289天▮

行动039：今天实践"教育储蓄"法

"教育储蓄"法比较有专用性质，它是指个人按照国家规定在指定银行开户、存入规定数额资金、用于教育的专项储蓄。注意，这是一种专门为学生支付非义务教育所需教育金的储蓄。具体方法是以学生本人的姓名

开户存款，每月固定存款，最低50元，最高2万元，约定存期为1年、3年、6年，到期支取时，储户凭有关证明一次支取本息。

本储蓄方法非常适合孩子入学不久的家庭哦！

Ⅰ 第290天 Ⅰ

行动040：用好网上银行

各大银行的网上银行已经非常普遍了，用好网上银行，既能帮你省事又能帮你省钱，还可以帮你理财。

使用网上银行，首要一条就是确保安全。一定要在加强数字身份认证和防毒防火墙隔离等安全防控的前提下，使用网上银行。在安全的情况下，你就可以充分利用网上银行快捷、便利、多功能的优势，办理转账、购买投资和理财产品等业务。

Ⅰ 第291天 Ⅰ

行动041：用好一张信用卡

用好一张信用卡，不要超过一张。信用卡的好处大家都知道：使用得当的话，可以江湖救急，可以提供便利快捷的周转资金；但是如果滥用信用卡的话，就会带来沉重的负担和压力，甚至带来昂贵的滞纳金和循环利息，还有可能被纳入信用黑名单。

同时，要注意以下信用卡的使用提醒清单：信用卡有免息期限；信用卡有免息分期付款服务；可以利用累积信用积分，跻身高端俱乐部享受优惠和其他服务。

▌第292天▐

行动042：认识基金

基金投资，是一种稳健的投资方式。我们千万不要小瞧基金，基金是真正的"母鸡"，它能帮助我们"下金蛋"。

基金有广义和狭义之分。广义基金，是指运营专门用于某种特定目的并进行独立核算的资金的管理机构或组织。广义基金可以是非法人机构、事业单位法人机构和公司性质的法人机构。

狭义基金，是指专门用于某种特定目的并进行独立核算的资金，而非机构或组织。

而我们说的投资基金，更多的是指证券投资基金，即通过公开发售基金份额募集的资金，是由基金管理人管理、基金托管人托管，由基金份额持有人享有利益的一种资产组合资金。

▌第293天▐

行动043：认识债券投资

债券，是指政府、企业、银行等债务人为筹集资金，按照法定程序发行并向债权人承诺于指定日期还本付息的有价证券。

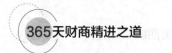

债券，本质上是一种金融契约，是一种债务的证明书，具有法律效力。债券作为一种有价证券，它的利息通常是事先确定的，所以债券是固定利息证券（定息证券）的一种。在金融市场发达的国家和地区，债券可以上市流通。在中国，比较常见的政府债券是国库券。

债券投资具有偿还性、安全性、流动性和收益性等特点。

行动044：认识保险

保险，已经成为社会人生活中不可或缺的一项经济行为。保险，是指投保人根据合同约定，向保险人支付保险费，保险人对于合同约定的可能发生的事故所造成的财产损失承担赔偿保险金责任，或者被保险人死亡、伤残、疾病或者达到合同约定的年龄、期限等条件时承担给付保险金责任的商业保险行为。

保险具有经济补偿、资金融通和社会管理功能；而经济补偿功能是基本的功能，也是保险区别于其他行业的最鲜明的特征。

保险的本质，是为了确保经济生活安定，对特定危险事故或特定事件造成的损失，运用多数单位的集体力量，根据合理的计算，共同建立保障。

▌第295天▐

行动045：初步了解房地产

房产，一般又统称为房地产，即"房产+地产"，这是一个组合的实体概念。大家一定要高度重视房地产，房地产具有保值增值、杠杆率高、安全性强、可抵押等优势和特点，所以购置房产是普通人致富的必经之路。

一般来说，房地产有以下几种类型：①按用途分：商业用房产（写字楼、商铺）、普通住宅、商住两用房。②按建筑结构分：板楼、塔楼、独栋别墅。③按政策分：经济适用房、普通商品房等。④按新旧程度：新房、二手房。

▌第296天▐

行动046：购房的程序步骤

房地产买卖主要有商品房预售、商品房销售、二手房买卖、商品房预售合同转让、房屋在建工程转让等方式。

1. 商品房买卖的基本步骤有：

（1）房地产开发商办理商品房初始登记并取得房屋所有权证。

（2）开发商与房地产中介签订委托销售合同，或设立售楼部自行销售。

（3）发布售楼信息。

（4）了解楼盘，现场查看楼盘。

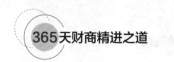

（5）买受人与开发商签订商品房买卖合同。

（6）办理交易过户、登记领证和房屋交接。

2. 二手房买卖的基本步骤有：

（1）通过中介了解房地产市场行情、小区和楼房情况。

（2）了解具体房屋的过户手续、交易过程、交易税费、付款方式和物业管理等。

（3）达成协议并签订买卖合同。

（4）办理过户、登记领证和房屋交接。

地（实体创业）

▎第297天▎

行动047：细心观察10个店铺

今天请携带一本笔记本，连续去观察10个店铺，餐饮店、服装店、水果店等都可以，但是你要从商业的角度去观察这些店铺。

从店铺管理方面观察，在店铺忙和闲时观察店长和店员的行为，尤其看看他们在闲时是在看手机还是在想办法招揽客人。

从店铺装卸货方面观察，这些你就要从店铺的后门看，看看他们装卸货的员工对货物珍不珍惜，速度快不快。

从店铺广告营销方面观察，店铺是否做了足够的广告宣传，是否有专门的营销人员，是否有专门人士做的招牌和广告牌，是否注重营销，等等。

最后，你要将这些观察的结果综合起来进行分析，再判断这些店铺是否盈利。

▌第298天▐

行动048：制作一份商业计划书

制作商业计划书，是为了自己开一家公司而准备的。

首先，要确定你要创建的公司的类型：个人所有、合作、股份制、有限责任合作制、有限责任公司等。

其次，要定好位，将行业细分，具体到生产一个具体型号的螺帽，或开一个时装网红店，或开一家意大利式咖啡店，都要清清楚楚、明明白白。

再次，要有预算，一共要投资多少钱，要几个股东，股东出资比例怎样，启动资金和后续资金怎么找。

最后，要有一个市场营销的推广计划。

▌第299天▐

行动049：寻找投资者

寻找投资者，是投资前期最关键的大事。要想创业成功，最好与投资者尤其是天使投资者充分沟通、争取资金。当你有一个好的创业点子和团队时，一定要把一部分利益和风险拿出来，与投资者一起分享，这样你才有可能走得更远。

┃第300天┃

行动050：为你即将创建的公司想一个
百年老店的名字

公司名字不能随便取，一定要慎重。公司名字一定要朗朗上口，而且不能出现有损公司名誉的谐音。公司名字一定要读出来和写出来，并多思考一下。

要多想几个公司名字，再去工商机关查询是否可以使用；然后还要检索、注册商标，并从一开始就有商标保护意识。

┃第301天┃

行动051：注册公司并取得公司经营的业务许可

要去当地有关部门办理专业性许可证书，比如餐饮服务、食品、广告、印刷、互联网、文化等经营许可证。

同时办理一些特殊但非常重要的许可证书，即消防、安全等许可证，并到工商部门了解纳税情况。

▌第302天 ▌

行动052：租赁办公场地（包括仓库）

如果是开店，地理位置非常关键。这方面可以找专业的公司帮忙代理找一个最优地段。

如果是行政办公，就要视经济情况和业务实际而选址。当然办公场地和店铺还有很多的事情要做，包括租赁、装修、设备进场、商业保险、安全系统等，需要一项一项落实。

▌第303天 ▌

行动053：创建公司网站和微信公众号

不要以为这件事要等公司运营以后才做，我们应该在前期就开始研究公司网站和微信公众号。等一开张，就可以做宣传推广了。

▌第304天 ▌

行动054：要做好开业工作

开业是很重要的时刻。

　　无论做什么生意，一定要高度重视开业的筹备工作。关于开业的方方面面都要事先想好，因为一开业就回不了头。要先制订开业方案，再逐一落实，避免手忙脚乱。

▎第305天▎

行动055：认识创业的风险

　　创业过程中，各种风险都可能导致你创业失败，包括选错行业方向、选错地理位置（这点餐饮业尤为常见）、资金短缺、没有专业人才、没有强有力的执行力、经营管理不善等，所以各位在创业之前都要想想到底有哪些风险，想想创业能坚持多久。

▎第306天▎

行动056：想好退出方式

　　创业，也要考虑适当时机退出。

　　退出有退出的好处，退出可以提前获得收益，可以避免后期的风险，还可以积累资金，为下一轮的创业提供支撑。

　　退出方式当然最好就是上市。这个非常难，不过这是努力的方向。

　　股权股份的整体转让也是很好的退出方式。

　　将企业以私募或其他方式出售，也是一种可取的退出之径。

当然，最坏的打算，就是破产清算和注销等方式，这也是我们创业要提前考虑的退出方式之一。

行动057：设计好独一无二的名片

不管你的事业进展如何，你都需要给自己设计一张独一无二的名片。怎么独一无二？一方面，不要常规，不要千篇一律的公司、职务名称，要有自己不一样的东西，打动人的、吸引人的精彩之处。另一方面，不要花哨，要简单；不要虚假，要真诚；不要强调公司，要强调个人；不要强调职务高低，要有个性和温馨。

总之，你要的是一张真诚、让人一秒钟就记住你的名片。好好发动你的脑细胞吧！

行动058：要有公司化的意识

公司，是现代企业的最佳模式，很多私人企业家就是不重视公司治理才带来了发展桎梏。所以，创业到了一定的阶段，一定要规范化、公司化，一定要用经营管理和规章制度来支撑事业的发展。

▎第309天 ▎

行动059：资金要周转

资产周转率是反映资金流转速度的指标，这个财务指标不是专业的人不会注意。其实，这个指标对企业非常管用。资金就是要周转，才有使用效率，1000元转10次就是1万元，2000元不转就是2000元。

▎第310天 ▎

行动060：随身带上你的创业书或产品说明书

如果你在创业前期，你就随身带上你的创业书；如果你已经有自己的产品，就随身带上你的产品说明书。一则用来不断修改完善，二则用来寻找机会，遇到有百分之一的可能成为投资者、成为客户的人就要拿出百分之百的诚意和准备。

▎第311天 ▎

行动061：做客户档案

一定要建立客户档案。你的客户就是你的收入、你的营业额、你的利润。

每一位客户的档案资料都要逐一建立。

他的姓氏、年龄、生日、喜好、配偶、孩子等信息，都要尽可能地记录下来。

做了档案并不是画句号，接下来还要按照档案去做更多的工作：客户生日要发信息道贺，客户来了要准确地叫出客户的名字或职务，还要送上喜欢的礼品。

总之，做客户档案只是第一步，但第一步非常重要。

▌第312天▌

行动062：做客户分析

做了客户档案，还要定期做客户分析。

要从多角度分析你的客户。从区域、年龄、性别、职业、收入等方面，一遍又一遍地分析你的客户，将客户分成重点客户、大客户、小客户、潜在客户等。

之后还要逐月、逐年归总再分析客户构成。这些资料是你从业、创业最宝贵的资料。

思考一下，怎么才能更好地完成这个行动？

❚第313天❚

行动063：维护客户

客户要维护才能成为长久客户，要用心维护与客户的关系。

维护客户的关系不能急，也不能不理，要在适当的时候关心维护客户，在他需要的时候才出现，尽量不要去打扰。

维护好了客户，没有做不成的生意。

❚第314天❚

行动064：亲人好友明算账

兄弟、朋友间如果做生意，一定要先把责权利，以及怎么凑钱、怎么退出用合同的方式约定好，不然成也兄弟朋友，败也兄弟朋友。

❚第315天❚

行动065：分配好股权

创业之初的股权设置非常重要。初创期不要太分散，但也不要一个人绝对控制。股权的设置既要考虑决策的及时性和有效性，也要考虑团队成员的积极性和主动性。尤为重要的一条是，一定要事先明确股份占比，同时要明确创业公司谁说了算，必须明确合伙人分工，必须明确退出机制。

此外，一定要明确合伙人真金白银投钱，千万不能因感情去送股份，没有利益共同体就没有效益共同体。

▎第316天▎

行动066：要精确算出收支平衡的时间点

创业前，要专门计算收支平衡的时间点，即什么时候可以实现收入和成本的相对平衡，可以让你生存下去，核心的一点是需要卖出多少产品或提供多长时间的服务才能收回成本。做到这点才能做到心中有数，才能对投资、成本和盈利预期有更加清晰的规划。

▎第317天▎

行动067：要严格控制成本

有效控制成本是创业成功的核心因素之一，尤其是人工成本和铺面成本，一定要严格控制，包括创始人和管理人员的薪酬，一定不要一开始就发高薪，否则创业成功率会降低。

▎第318天▎

行动068：要持续获得反馈信息

很多创业失败的例子都告诫我们，不要闷着一股劲、低着头去做，一定要有及时的反馈信息，要想办法第一时间获得市场、客户和竞争对手的反馈信息，当你把第一份产品或服务投放市场时，就要想办法去获得众多关联者的反馈信息。这些反馈信息对于创业者来说是无价之宝，它们既可以帮助你找准市场定位，并对产品和服务进行修正，又可以让你避免一些风险。

▎第319天▎

行动069：创业要想未来3年的事

创业属于长跑项目，你一定要花足够多的时间去思考3年后的行业、产业、市场和价格的变化趋势，只有看到未来的趋势，你才会明了自己这个项目在未来处于什么样的境地和地位，如果你看不到未来1年、2年的趋势，那就不要轻易进去。一旦进去了，就要充分分析未来3年的走势。

将（成长提升）

▌第320天 ▌

行动070：发现自己的天赋

每个人都有自己独一无二的天赋，就像指纹一样，别人有，你也有，但你的和别人的都不一样。

所以，我们首先要做的，就是真诚地面对自己，进而发现自己的独特天赋，然后，就是无穷无尽地发掘它、提升它，一直到它能够为你工作、赚钱，你还要不断地强化它。

▌第321天 ▌

行动071：不设限地设计并写下一个梦想

不要给自己设限，设定各种条件，现在，你就写下一个之前认为自己永远都无法实现但又非常希望能实现的梦想。对，写下来，你可以比你想象的更早、更容易实现它，只要你不给自己设限。

在这之前，先将"我恐怕做不到"这种话语从你的脑海里删除。

▌第322天▐

行动072：要学失败学

　　成功学大家要选着学，不过更要反其道而行之，我们更需要学的是失败学。要多看成功人士的失败经历、失败案例，这些才是成功的养料。

▌第323天▐

行动073：拿出最近得到的一张名片

　　把你最近得到的一张名片拿出来，不管是哪个单位、哪个人的，你现在就把这张名片的人名、职务背下来。

　　然后，尽量想办法去联系这个人。以后，当你得到一张名片时，你就要想方设法记住人家的名字和职务。

▌第324天▐

行动074：学习预测未来

　　想想，如果你能早一秒知道世界发生什么，你就可以赚大钱！

　　所以，你要随时学着预测未来，不要去想准不准，就根据你的逻辑、你的直觉，经常预测未来，久而久之，你会越来越靠近事实地预测到未来的趋势或局势。到了这个境界，你做事情就会有更大的把握，你就拥有冒险的基础和实力。

行动075：学会做一名领袖

学习如何做领袖，而不仅仅是做领导。领袖，就要有人真心地跟随你、支持你、服从你、忠诚于你，你就不愁做不成事业。

做领导，讲究管理艺术；做领袖，讲究人格魅力、胆识魄力和战略思维。

行动076：思考正确的问题

学会善于思考问题，尤其要学会如何思考正确的问题。

有人说成功的人善于想问题，前提是要想正确的问题，而不是去想一些错误的、偏激的问题。

发现正确的问题，比解决一个棘手的问题还要难。

▌第327天 ▌

行动077：找一个好军师

好军师任何时候都需要。

这个军师要足够聪明，这样才能解决你的问题，促进你成长；这个军师要足够忠诚，不忠诚会坏你的事。

▌第328天 ▌

行动078：时刻保持好奇心

好奇心，能推动你了解这个世界。

每一个问题，都要自己去寻求答案；每一个人，都要想着去了解；每一件事情，都要想着前因后果；每一部机器，都要想着内部零件怎么运转；每一笔生意，都要多想赚钱的方式。

哪怕你在路边，看到一个人、一辆车、一栋房子，你都要有了解的好奇心。每一个小世界都有一个大世界。

▋第329天▋

行动079：让自己喜欢说话

赚钱、做生意，最怕"不开尊口"。

是的，不是去学说话，是要你喜欢上说话，如果你至今还是不喜欢说话，那你就从早到晚跟自己说，跟家里人说，跟陌生人说，跟宠物说，对着墙壁说，一定要说够几个小时，不让自己停下来。然后，你会慢慢适应不停地说话，再到喜欢上说话，接着，你再去学习怎么说话，学习怎么才能不停地说，学习怎么说才能让别人喜欢听，学习怎么说别人才能支持你。

▋第330天▋

行动080：要组建合适的团队

创业做生意，最核心的一点，是要找到合适的团队，而不是最强的团队。

《西游记》中唐僧找了会"七十二变"的孙悟空，还找了吃苦耐劳的沙和尚、八面玲珑的猪八戒，还有忠诚无比的白龙马，他们都是取真经缺一不可的。《水浒传》更经典，造反靠的是108个好汉，最后葬送义军的却是挑头大哥宋江。可见，合适的团队、合适的合伙人非常关键。

▌第331天▐

行动081：培养决策力

决策力是稀缺能力。市场经济瞬息万变，赚钱、做生意的方式方法多如牛毛，决策力就是竞争力，就是生产力。决策就要对各种情况、形式进行分析、比较、判断，然后选择出一个最优方案。特别是领导者，他的价值就在于决策"做正确的事情"，接下来才是带领大家一起"把正确的事情做好"。

▌第332天▐

行动082：建立"结果导向"思维

你努力了，勤奋工作了，加班熬夜了，老板未必看得到，合作伙伴也未必看得到，他们更多的是看你的结果。一定要建立"结果导向"的思维，先讲结果，再讲努力。在市场，在职场，如果没有结果，苦功是没有价值的。

┃第333天┃

行动083：培养逆向思维

逆向思维在股市投资中屡试不爽。做一个成功的逆向经营者并不容易，逆向思维和操作要求保持自我、独立思考，必须以真实客观的信息为基础。

怎么培养逆向思维？鬼谷子有四招可供大家参考，曰"欲取反与""欲张反敛""欲闻其声反默""欲高反下"。

┃第334天┃

行动084：容纳"异见"

任正非曾说过："异见者，是最好的战略储备。"异见，有可能是另外一套正确的甚至是更加正确的方案。

所以，有时停下来，思考分析一下异见，或站在异见者的立场，你会更胜一筹。

❚ 第335天 ❚

行动085：每天坚持做有关个人战略的事情

每天，请你抽出一些时间去做有关个人战略的事情。是的，关于个人战略的，就是你3年、5年之后的事情，尤其是对未来有重大意义的事情，你每天花5分钟或10分钟，但就是这短短的几分钟，会让你的生活更加有意义，会让你对未来有盼头，尤其这些思考的成果积少成多，将是一笔惊人的巨大财富。

❚ 第336天 ❚

行动086：生活要有规律

工作可以不因循守旧，但是生活，要尽量规律化、程序化。不要去追求刺激的生活或离经叛道的生活，因为身体受不起。

规律的作息、规律的饮食、规律的日常生活，有利于身心健康和干事创业。

▌第337天▐

行动087：自己绘制地图或指南书

自己经常绘制一个地方的路线指引图，或绘制一个城市、乡村的地图，或写一份关于一件事情的指南、说明书，这能够培养你的立体感、方向感和想象力。

制作地图和指南书，是一件提高能力的乐事。

▌第338天▐

行动088：要全方位研究竞争对手

你的竞争对手，有时比你的客户更加重要。没客户，你很难生存，有厉害的竞争对手，你死得更快。竞争对手就像两军对垒的敌人，是一定要全方位深入研究的。通过研究，最终打败你的竞争对手，你才会越来越强大。

▌第339天▐

行动089：注重面试

大家都说人才是第一要素，往往都从吸引和培养人才入手。其实面试

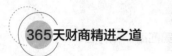

是最优先的。

　　面试要真诚，真诚对待自己，好与不好要实事求是；面试要精挑细选、宁缺毋滥，面试的最核心目标就是找到合适的人，没有合适的人决不罢休，决不滥竽充数。

Ⅰ第340天Ⅰ

行动090：培养专注力

　　一个有专注力的人，能清除挡在他面前的障碍。

　　要培养极度的专注力，这种专注力，让你忘掉时间，忘掉他人，忘掉其他的一切，正如罗丹大师完全忘我的对工作的专注，眼前只有手边的雕塑工作，心无旁骛，整个世界就在此。

Ⅰ第341天Ⅰ

行动091：带一个徒弟

　　带徒弟是倒逼自己成长的独门绝招。

　　你想在所在的行业赚钱，就要专门带一个徒弟，手把手教他，把自己认为正确的都教给他。不要觉得自己水平还不够、能力还不足，教着教着，你会提高得更快。

▌第342天▐

行动092：凡事要有B计划

凡事都要有计划，除了A计划，还要有B计划，都要事先计划好。

做计划的人，更容易成功。因为他比变化快一步，比风险早一步，比别人多想一步。

▌第343天▐

行动093：勇于、乐于做"分外之事"

人要成长，不要局限于"分内之事"，分内之事就是现在流行的"舒适区"之内的事。要勇于、乐于去做"分外之事"。这些分外之事都是很好的锻炼机会。接受别人不愿接受的分外之事，久而久之，你就会受到别人的尊敬，同时，你的能力边界也会越来越大。

法（实操法则）

▌第344天▐

行动094：把自己培养成理财专家

尽可能去学习关于理财的知识和技巧，把自己看成是理财专家，直到

真正把自己培养成理财专家。

到时候，你就不会再为理财投资的事而烦心。

第345天

行动095：每月储蓄

要谨记理财的一条铁律，即：收入-存款=支出，而绝不能是收入-支出=存款。每个月都要有存款，强制自己存钱是每月拿到收入后铁定要做的事。只要每个月都有一笔钱雷打不动地储蓄起来，你就有了投资理财的基础。同时，要充分利用之前讲过的各种储蓄方法，有效储蓄，快速积累。

第346天

行动096：每月固定投资

储蓄是"静"态财富行为，投资是"动"态财富行为。只储蓄不投资，不会成为富翁。要坚持每月固定投资，不论投资金额多少，都要做到每月固定投资，让这项行为成为你每月的必修课，这样你就已经走在通往成为富翁的正确道路上了。

▍第347天 ▍

行动097：保持财务平衡和稳定

无论你现在拥有的财富有多少，首先要确保自己的财务平衡或者财务稳定，不要有大量的负债，要量入为出、勤俭节约，在没有明确稳定的收入之前，不要频繁换工作，要保持生活和收支的平衡。

▍第348天 ▍

行动098：准备一支笔、一本小笔记本

准备好携带的笔和笔记本，随时随地把自己所有的想法都详细记录下来。关于如何赚钱的、如何创业的、如何做生意的、如何思考金钱的，都记录下来，不管是好主意还是小主意，都可能是你以后赚大钱的源泉。

有时候你可能也不知道自己想要什么，但一旦你记录下来了，思路就会比较清晰。

▍第349天 ▍

行动099：坚持"三三"式记录

关于记录，还要跟《小狗钱钱》学习一种管用、实用的办法，即每天

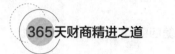

记录自己3件成功的事情，同时再写下明天要做的关于个人成长、财富增长的3件事情。这种"三三"式记录是一定要坚持而且会迅速见效的好方法。

▎第350天▎

行动100：掌握所在单位的核心数据

要熟知所在单位的核心数据，做到了然于心，信手拈来。同时还要花时间去反复琢磨这些核心数据，这些核心数据就是单位的基本面，就是你决策行事的基础。

▎第351天▎

行动101：罗列所在单位近3年每年的总收入、
总成本和总费用情况

请今天就去财务部了解，你的单位近3年每年的总收入、总成本和总费用情况，最好自己动手列一张表格。

列好以后，做一个对比，你心中自然就会有一种感觉：当家不容易。然后你就要自己去思考，如果你是单位的负责人，你将怎么设法去增加收入、降低成本和费用。这样思考一番，你的财商又会上升一个档次。

▌第352天 ▌

行动102：每天留出30分钟思考金钱问题

不要让工作把你的时间塞得满满的，每天一定要留出属于自己的30分钟，用来思考怎么创造财富，怎么更有效工作，怎么更有效改进方式方法。整天工作的人注定没有时间来思考赚钱。

▌第353天 ▌

行动103：建立"积极词汇库"

拿出一本笔记本，起名为"积极词汇库"。把你认为是积极的、乐观的、有效的词语写下来，每个词语下面可以写一些自己的理解和案例、事迹，并随时进行更新。下面列出一些词语供参考：

自律、大气、有志、常识、尝试、努力、诚信、诚实、责任、担当、理解、谅解、可靠、勤奋、耕耘。

但是你一定要自己寻找，并逐一写下来。

▌第354天▐

行动104：保持生活和家庭的安稳平和

　　尽最大努力保持家庭、婚姻和自身生活的安定，如果生活不愉快、感情不顺利，你的工作、事业将会受到很大的影响。研究表明，那些在35岁之前生活、家庭已经趋于稳定的人，一般都比生活动荡不安的人有更大的机会获得成功。

▌第355天▐

行动105：建立你要支付的费用清单

　　把你每年、每月要支付的费用都列出来，以1年为周期，具体到每一天，把你的房租、水电费、煤气费、电视费、垃圾费等费用的金额、缴纳期限都列出来，不要迟交，不要漏交，避免缴纳滞纳金或违约金。

▌第356天▐

行动106：建立一个"风险事项库"

　　要建立一个"风险事项库"，把你能想到的、接触到的风险都存入其中。高风险就有高收益，有风险的地方就有收益。你只要敢于、善于冒险，把握机遇，迎难而上，逆流而上，就会有额外的收益。

▌第357天▐

行动107：建立一份人脉存折

金钱有存折，人脉也有存折。现在就动手，最好用电脑把你认识的人的信息都记录下来，分门别类，姓氏、籍贯、职业、年龄、特长、性格等都记录下来，并且不断更新、备份。总有一天，你会和其中一个人有财富上的机缘。

▌第358天▐

行动108：去交一个富人朋友

寻找一个近距离的富人，去跟他交朋友，不要想从这位富人身上拿项目、借资金，你就纯粹和他交往，哪怕跟他定期或不定期聊天也好，但是要时刻注意富人朋友的言行，同时把这些信息记下来，并反复去琢磨、去行动。慢慢地，你就会向富人的思维转变。

▌第359天▐

行动109：扩大你的社交圈

通过参加俱乐部、社团活动、集体活动，尽可能多地去认识人，要找钱，先要去找人。只有扩大了你的朋友圈，你才会有更多致富的机会。

▌第360天▐

行动110：买入一只熟悉的股票并长期持有

现在就寻找一只你熟悉的而且买了不会怕它跌的股票，然后长期持有，至少一年，然后根据你的收益再决定是否出售。

▌第361天▐

行动111：尽快让生人变熟人

认识新的朋友后，一定要及时联系和跟进，要尽快留下电话号码，必要的时候发邮件加深印象。在一个月后，一定要再给他发一条信息，随时保持联系。

I 第362天 I

行动112：提高语言流利度

提高你说话的流畅程度，语言流利既是自信的表现，也是逻辑思维的表现，更是许多成功人士的共同特征。说话的流畅程度对于个人成长非常重要，同时，这种流畅程度一定会影响到金钱的流动速度。

I 第363天 I

行动113：保持良好的个人外貌形象

从今天开始，出门上班都要打扮自己，衣着要得体，外表要干净整洁，千万不要糊涂过日子，千万不要给人留下邋遢的印象。

I 第364天 I

行动114：复习本书

你马上就要读完这本书了，如果你读了但还没开始行动，那就赶紧回到第一页，从思想、习惯和行动等内容重新读，同时去落实每一个行动。

┃第365天┃

行动115：从今天起你就是富人

从今天开始，你就是一个有志于创造财富、追寻幸福的人，你要自觉地用学到的富人思维、习惯、行为约束自己，思考问题，有序行动，自我省察。请记住：你已经坚持学习了365天，你已经拥有了财商的基本功，接下来，就需要你去行动、去实践、去创造，实现属于你自己的财富自由之梦。

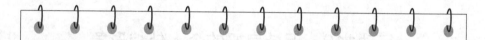

◎**本章作业**

1. 在实施本章提及的行动中你遇到了哪些困难？为解决这些困难你采取了什么措施？

2. 有哪些行动让你实践后在个人成长方面有了长足进步？具体有哪些进步？

3. 请列出你接下来要重点实践的50个行动任务清单。

4. 思考一下，怎么才能更好地完成这115个行动？

参考文献

［1］王守谦，金秀珍，王凤春. 左传全译[M]. 贵阳：贵州人民出版社，1990.

［2］王强模. 列子全译[M]. 贵阳：贵州人民出版社，1993.

［3］司马迁. 史记全译[M]. 杨燕起，注译. 贵阳：贵州人民出版社，2001.

［4］范晔. 后汉书[M]. 北京：中华书局，2007.

［5］宋濂，赵埙，王祎. 元史[M]. 北京：中华书局，2016.

［6］刘义庆. 世说新语笺疏[M]. 刘孝标，注. 余嘉锡，笺疏. 北京：中华书局，2011.

［7］王阳明. 传习录注疏[M]. 邓艾民，注. 上海：上海古籍出版社，2012.

［8］毛泽东. 毛泽东选集[M]. 北京：人民出版社，1951.

［9］卞僧慧. 陈寅恪先生年谱长编（初稿）[M]. 北京：中华书局，2010.

［10］邹至庄. 邹至庄解说中国经济[M]. 北京：中信出版集团，2017.

［11］曾仕强. 胡雪岩的启示[M]. 西安：陕西师范大学出版社，2008.

［12］华杉. 华杉讲透《论语》[M]. 南京：江苏凤凰文艺出版社，2016.

［13］黄铁鹰. 褚橙你也学不会[M]. 北京：机械工业出版社，2015.

［14］张俊杰. 600位富商的经营之道[M]. 北京：中央党史出版社，2010.

［15］刘平，刘扬. 每天一堂投资课[M]. 北京：人民邮电出版社，2011.

［16］张德芬．遇见未知的自己[M]．北京：华夏出版社，2008.

［17］希尔. 思考致富[M]．曹爱菊，译. 北京：中信出版集团，2015.

［18］艾克. 有钱人和你想的不一样[M]．漆仰平，赖伟雄，译. 北京：中国社会科学出版社，2008.

［19］林奇，罗瑟查尔德. 战胜华尔街[M]．刘建位，徐晓杰，李国平，译. 北京：机械工业出版社，2007.

［20］哈吉斯. 管道的故事[M]．赖伟雄，译. 北京：南海出版公司，2009.

［21］德鲁克. 管理未来[M]．李亚，邓宏图，王璐，译. 北京：机械工业出版社，2006.

［22］德鲁克. 旁观者：管理大师德鲁克回忆录（珍藏版）[M]．廖月娟，译. 北京：机械工业出版社，2009.

［23］查兰. CEO说：像企业家一样思考[M]．徐中，译. 北京：机械工业出版社，2012.

［24］里斯，特劳特. 定位[M]．王恩冕，译. 北京：中国财政经济出版社，2000.

［25］西奥迪尼. 影响力[M]．闫佳，译. 北京：中国人民大学出版社，2011.

［26］艾利克森，普尔. 刻意练习：如何从新手到大师[M]．王正林，译. 北京：机械工业出版社，2016.

［27］大前研一. 我的人生哲学[M]．汤文杰，译. 北京：中信出版社，2007.

［28］亚米契斯. 爱的教育[M]．孙静，译. 北京：北京出版社，2003.

［29］卡罗尔. 爱丽丝梦游仙境[M]．穆紫，译. 北京：海豚出版社，2010.

（书中参考文献和出处如有遗漏，恳请来信指正批评。）

后　记

记得有位作家说过："实话实说，我并不认为哪本书能够改变你的人生，能做到这一点的只有你自己。其实,正是人而不是书创造了这种改变。"

是的，书再好，不去实践，不去行动，那最终的结果就是：书是书，你是你；书和你没有互动，没有促进，没有深层次的交流。那么，就算你熟读再多的好书，掌握再多的知识和原理，如果你不亲自去实践，那么这些知识和原理对你都毫无意义、毫无用处。

知识，只有通过实践才能成为生活的智慧；原理，只有去实践才能助你创造财富！

本书中提到的思想、习惯、企业家、名人、电影和书籍以及行动指南，都只是静态的概念。你唯有不断地进行刻意练习，学以润身，切己体察，从自己做起，从现在做起，在事上磨砺，在路上演习，一切才会慢慢地发生改变，你的财商才会一点点提高，然后内化于心、外化于行，从而改变你的经济和财务状况，进而达到财富自由和精神丰富的理想状态。

在这里，我要特别感谢对拙作立意、编辑、宣传和出版等事宜给予无微不至的关心、指导和鼎力帮助的广东经济出版社诸君：儒雅广博、古道任侠的李鹏社长，热心专业的冯常虎总编辑，敬业周全的谢慧文女士，细心勤勉的宋昱莹、何绮婷编辑，未曾谋面、精心推广此书内容的冯颖女士和其他在背后出谋划策、加班加点的广东经济出版社俊才，没有你们无私专业的付出，就不会有拙作的面世！在此致以最诚挚的谢意和敬意！衷心感谢一路鼓励、关心和帮助书稿撰写出版的蒲林大哥！非常感激松哥、孟校长、谢主席、珊珊、黄总、温总和大姐！同时，借此机会感谢我的家

人，为我默默付出、夜半校稿，并特别将书稿献给我的两个小儿，正是他俩的纯真、稚气、乖巧和无限的想象力，源源不断地给予我坚持写作的动力和灵感。

由于本人水平有限，书中瑕疵在所难免，恳请各位前辈、专家和读者斧正。最后，非常期待与大家一起共勉共进，各位有任何意见和建议请多指教：luyaojewel@163.com。期待您的来信！

王国伟

2020年4月于广州